できるポケット

OneNote 2016/2013

基本マスターブック

Windows/iPhone&iPad/Androidアプリ対応

株式会社インサイトイメージ&できるシリーズ編集部

インプレス

OneNoteはこんなに便利！

OneNote 2013/2016は、あらゆるデータをまとめておくことができるデジタルノートアプリです。Microsoft Officeに含まれるアプリケーションの1つで、Windowsパソコンはもちろん、Windowsタブレットや Windows 10 Mobile搭載のスマートフォン、iPhoneとiPad、Android端末にも対応しています。ここでは、OneNoteを利用するメリットを紹介します。

どんな使い方もできるデジタルノート

紙のノートと同様に、デジタルノートであるOneNoteにも決まった使い方はありません。取引先から送られてきた重要なファイル、インターネットで見つけたお得な情報、旅行先で撮影した大切な写真といった情報を、空白のページの好きな場所に書き込んでいくことができます。

ページの好きな場所に文字や画像、手書きのメモを書き込める

誰でも無料でインストールできる

OneNoteのアプリは無料で提供されており、多くのOSやデバイスで気軽に使い始められます。無料でもほぼすべての機能が使えますが、「Microsoft Office Home & Business」や「Office 365 Solo」を購入・契約していれば、全機能を利用できるようになります。

タブレットやスマートフォンでも使える

OneNoteはタブレットやスマートフォンでも使えるため、外出先ですばやくメモを作成できます。また、マイクロソフトのクラウドサービスである「OneDrive」を介してメモを同期することで、複数のデバイスから情報を引き出せます。

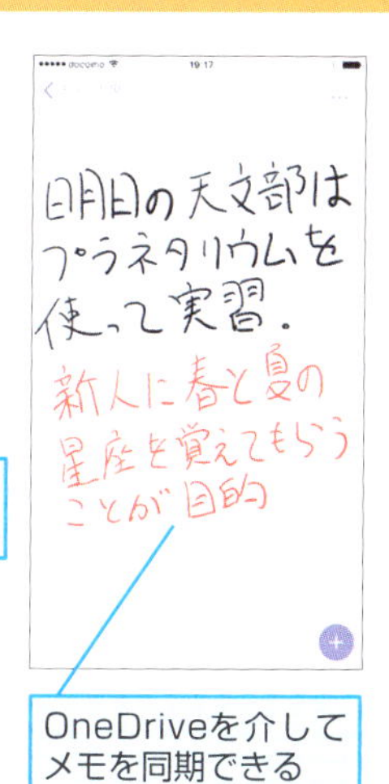

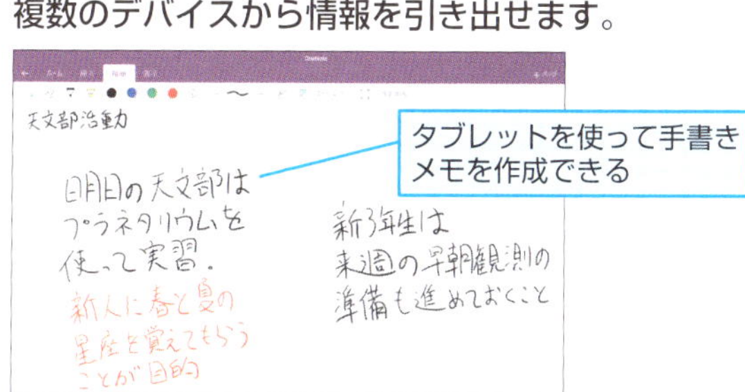

本書の読み方

レッスン

見開き完結を基本に、やりたいことを簡潔に解説しています。
各レッスンには、操作の目的を記すレッスンタイトルと機能名で引けるサブタイトルが付いているので、すぐ調べられます。

※本書では基本的にOneNote 2013の画面を使って説明を行いますが、OneNote 2016でも同様に操作が可能です。新機能については、OneNote 2016の画面で解説しています。

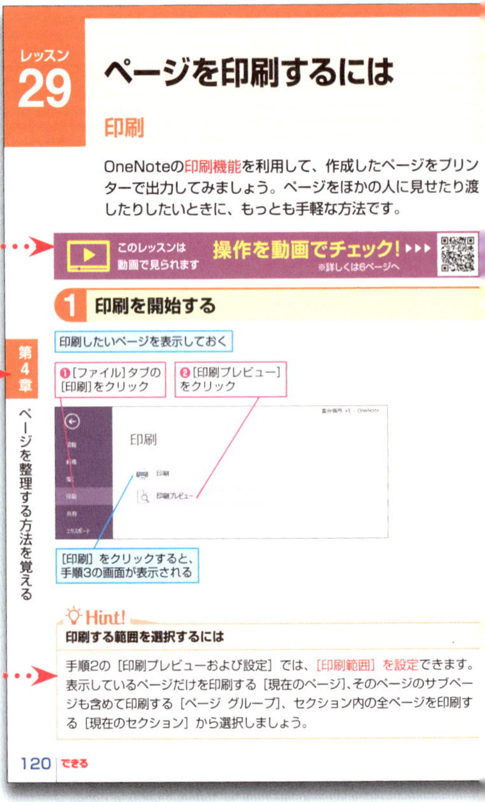

動画

動画を見られるレッスンに入っています。

左ページのつめでは、章タイトルでページを探せます。

Hint!

レッスンに関連したさまざまな機能や一歩進んだテクニックを紹介しています。

レッスン 29

ページを印刷するには

印刷

OneNoteの印刷機能を利用して、作成したページをプリンターで出力してみましょう。ページをほかの人に見せたり渡したりしたいときに、もっとも手軽な方法です。

このレッスンは動画で見られます 操作を動画でチェック！▶▶▶ ※詳しくは6ページへ

1 印刷を開始する

印刷したいページを表示しておく

❶［ファイル］タブの［印刷］をクリック

❷［印刷プレビュー］をクリック

印刷

印刷

印刷プレビュー

［印刷］をクリックすると、手順3の画面が表示される

第4章 ページを整理する方法を覚える

Hint!

印刷する範囲を選択するには

手順2の［印刷プレビューおよび設定］では、［印刷範囲］を設定できます。表示しているページだけを印刷する［現在のページ］、そのページのサブページも含めて印刷する［ページ グループ］、セクション内の全ページを印刷する［現在のセクション］から選択しましょう。

120 できる

手順

必要な手順を、すべての
画面と操作を掲載して解説

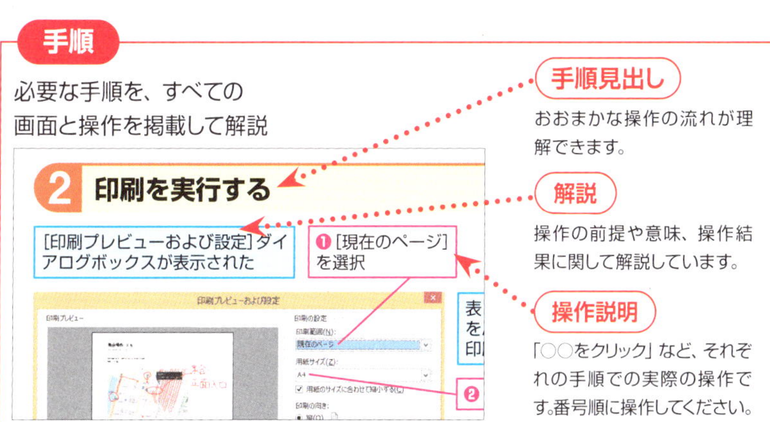

手順見出し

おおまかな操作の流れが理解できます。

解説

操作の前提や意味、操作結果に関して解説しています。

操作説明

「○○をクリック」など、それぞれの手順での実際の操作です。番号順に操作してください。

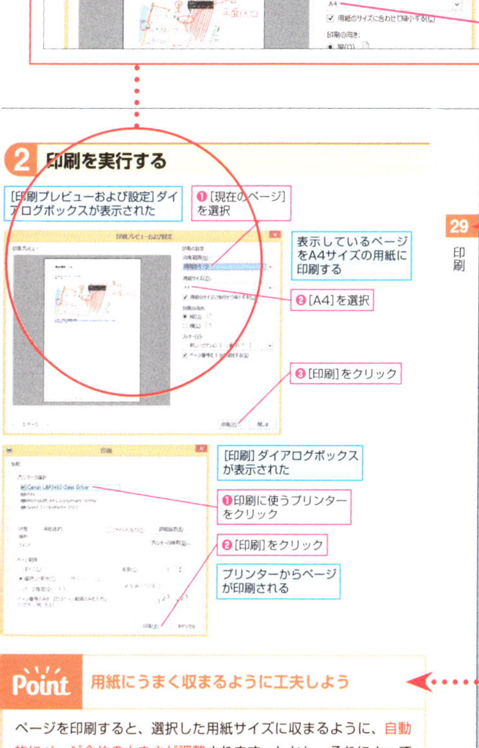

右ページのつめでは、知りたい機能でページを探せます。

Point

各レッスンの末尾で操作の要点を丁寧に解説。レッスン内容をより深く理解できます。

※ここに掲載している紙面はイメージです。実際のレッスンページとは異なります。

できるシリーズはますます進化中！

便利・安心・親切な 3大特典

©インプレス

詳しくは本書特設ページでチェック！
https://dekiru.net/onenote2016

「電子書籍版を無料」で提供

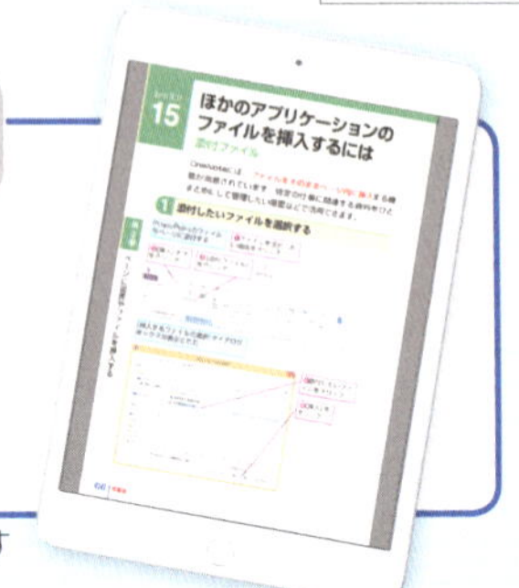

タブレットやパソコンに入れていつでも参照でき、検索にも便利な電子書籍版（PDF）を無料でダウンロードできます。

※CLUB Impressへの無料会員登録が必要です

「アップデート情報」を公開

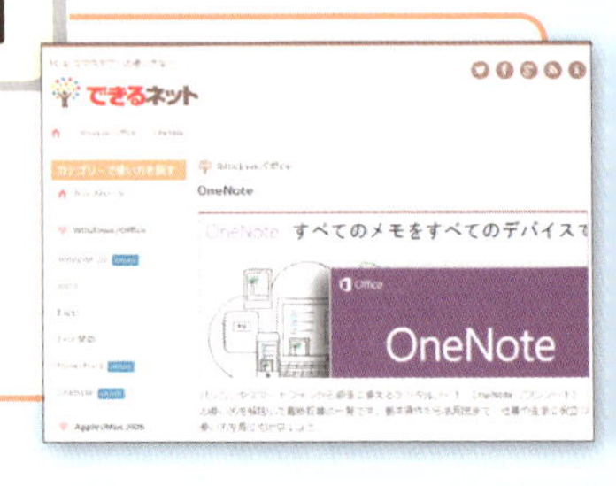

「できるネット」では、無料で読めるWindowsやOfficeの解説記事を公開しています。OneNoteに関する新情報も随時発信します。

「1分動画」で操作が見える！

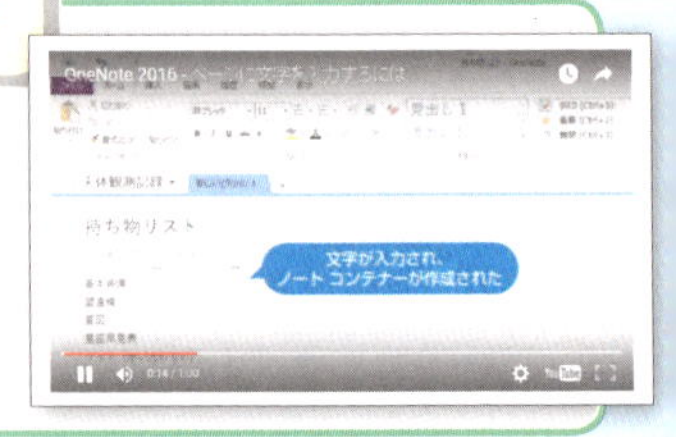

本書の一部のレッスンは、画面上の動きがひと目でわかる動画を公開しています。スマートフォンやタブレットでも快適に視聴できます。

目次

●本書に掲載されている情報について

・本書で紹介する操作はすべて、2016年3月現在の情報です。

・本書では、「Windows 8.1」と「Microsoft Office 2013」、および「Windows 10」と「Microsoft Office 2016」がインストールされているパソコンで、インターネットに常時接続されている環境を前提に画面を再現しています。

・本書は2014年6月発刊の「できるポケット OneNote 2013 基本マスターブック」の一部を再編集し構成しています。重複する内容があることを、あらかじめご了承ください。

第2章 メモの作成方法を覚える 29

第3章　ページに図表やファイルを挿入する　59

第4章 ページを整理する方法を覚える 103

第5章 スマートフォンやタブレットで使う 137

第6章 さまざまなシーンで活用する 185

第1章

OneNoteを使い始める

OneNoteの基本的な仕組みや使い始めるための準備、画面各部の名称や役割などについて解説します。OneNoteはどのようなアプリケーションなのか、実際に何ができるのかを理解しましょう。

レッスン 1

OneNoteとは

OneNoteを使ってできること

OneNoteは、文字や画像による情報の記録、文書や音声などのファイルの管理、そして複数のユーザーでの共同作業など、さまざまな使い方ができるデジタルノートです。

自由に使い方を決められるデジタルノート

Microsoft Officeのアプリケーションの1つであるOneNoteでは、文字を入力したり図形を描画したりできるほか、画像や音声、文書のファイルなどをまとめておくことができます。気になることやアイデアの記録、Webで見つけた情報の保管や整理など、さまざまな用途で便利に使える機能が用意されています。

テキストや図表、手書きで情報を入力できる

ほかのアプリケーションのファイルなどもまとめて管理できる

「無料で使える」ってどういうこと？

OneNoteのWindowsデスクトップアプリは、もともと有料版のみが提供されていましたが、2014年3月に無料版もリリースされました。当初、無料版にはいくつかの機能制限がありましたが、2016年3月現在では、有料版とほぼ同等の機能が使えるようになっています。通常の利用であれば、無料版でも特に困ることはありません。自分のパソコンにOneNoteが入っていなければ、付録3を参考に無料版をインストールしましょう。

Windows向けアプリの利用環境

OneNoteのWindows向けアプリには、Windows 7（SP1）/8.1/10に対応した「デスクトップアプリ」と、Windows 8.1/10で利用できる「Windowsアプリ」の2種類があります。OneNoteはさまざまなOSやデバイスに対応していますが、中でももっとも多機能なのがWindows向けのデスクトップアプリです。有料版のデスクトップアプリは、Microsoft Officeのパッケージ（POSA／ダウンロード）版およびプリインストール版（Office Premium）の「Home & Business」と「Professional」に含まれているほか、定額制サービス「Office 365 Solo」でも利用できます。Windowsアプリは主にタッチ操作で利用するためのアプリで、Windows 10には最初からインストールされています。

●Microsoft Office 2016のエディションと含まれるアプリケーション

	OneNote	Word	Excel	PowerPoint	Outlook	Access	Publisher
Personal（32,184円）	－	○	○	－	○	－	－
Home & Business（37,584円）	○	○	○	○	○	－	－
Professional（64,584円）	○	○	○	○	○	○	○
Office 365 Solo（月額1,274円）	○	○	○	○	○	○	○

※価格はマイクロソフトの「Office ストア」における税込価格

次のページに続く

すべての情報を複数のデバイスで管理できる

OneNoteはマイクロソフトのクラウドサービス「OneDrive」に対応しており、ここにすべてのデータを保存しておけます。OneDriveを介して、会社と自宅で同じメモを編集したり、スマートフォンやタブレットを使って外出先でメモを確認したり、複数のユーザーで情報を共有したりできるようになります。

OneDrive上にノートブックを保存しておくことで、どこでも利用できる

ほかの人とノートブックを共有することも手軽にできる

Hint!

「OneDrive」って何？

OneDriveとは、インターネット上（クラウド）にデータを保存することで、異なるデバイスからでも同じデータにアクセスできるようにするサービスです。無料で5GBまでの容量が使えるほか（2016年3月現在）、より多くの容量を利用できる有償プランもあります。OneNoteと連携して利用することにより、自宅のパソコンで記録した内容を、外出先のスマートフォンやタブレットで参照するといった連携が可能になります。

OneNoteのアプリが使えるさまざまなデバイス

Windows以外で使えるOneNoteのアプリも、すべて無料で提供されています。iPhone、iPad、Androidスマートフォン＆タブレット、Macのそれぞれに、インストールして利用してみましょう。いずれのデバイスでも、OneDriveを介して同期することで情報を共有できます。

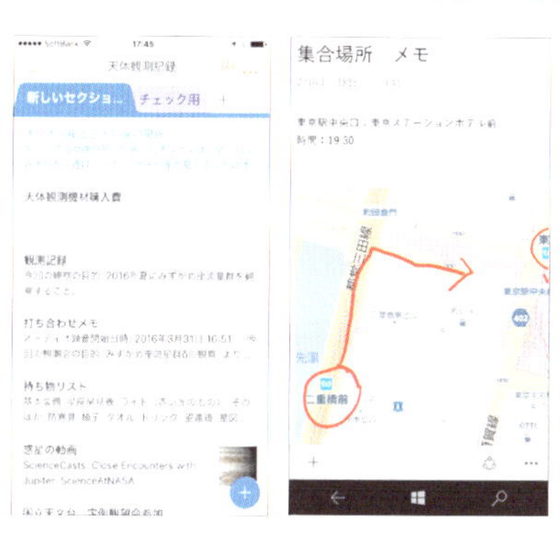

パソコンのアプリケーションとスマートフォン向けアプリで情報を共有できる

OneNote 2013とOneNote 2016の違い

Microsoft Officeの最新版は2016で、OneNoteもバージョンアップが行われました。これに伴い、OneNoteで作成したメモにYouTubeの動画を埋め込めるなど、いくつかの機能強化が図られています。本書では基本的にOneNote 2013の画面を使って説明を行いますが、OneNote 2016でも同様に操作することが可能です。新機能については、OneNote 2016の画面で解説していきます。

Point　好みのデバイスでOneNoteを使おう

自由にメモをとれるOneNoteは、使うデバイスの組み合わせも思いのままです。自分の環境に合わせて使い始めてみましょう。なお、本書では、すべての機能を利用できるWindowsデスクトップアプリを前提に、操作方法を解説していきます。

レッスン 2

OneNoteを使うには

起動、終了

実際にOneNoteを起動してみましょう。ここではWindows 8.1/10でOneNoteを起動し、OneDriveと連携して利用するための最初の設定を行う手順を解説します。

OneNoteの起動（Windows10の場合）

1 OneNote 2016を起動する

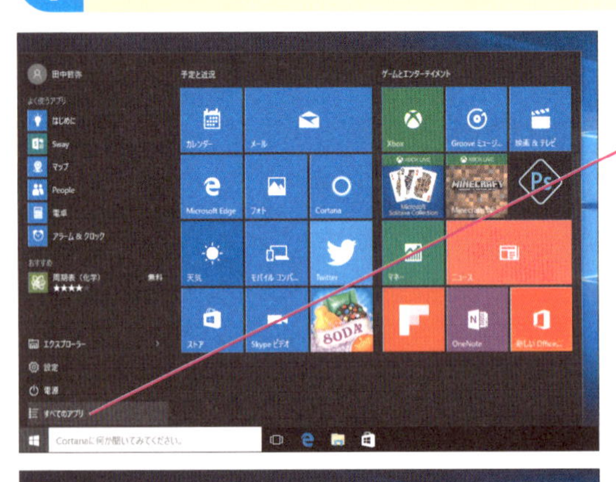

スタートメニューを表示しておく

❶[すべてのアプリ]をクリック

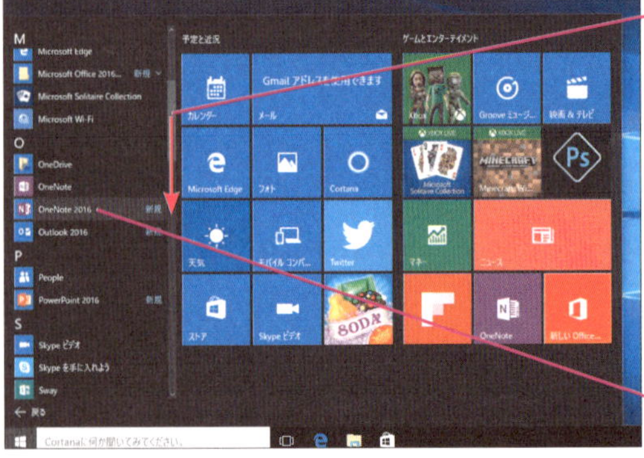

❷ここを下にドラッグしてスクロール

[OneNote 2016]が表示された

❸[OneNote 2016]をクリック

Hint!

「Microsoftアカウント」って何？

マイクロソフトの各種サービスを利用する際に必要となる、メールアドレスとパスワードの組み合わせが「Microsoftアカウント」です。OneNoteのほか、Webメールサービスの「Outlook.com」などで必要となります。Windows 10ではセットアップ時に取得できますが、Windows 8.1でまだ取得していない場合は、マイクロソフトのWebサイト（https://www.microsoft.com/ja-jp/msaccount/signup/）から取得しましょう。

2 Microsoftアカウントでサインインする

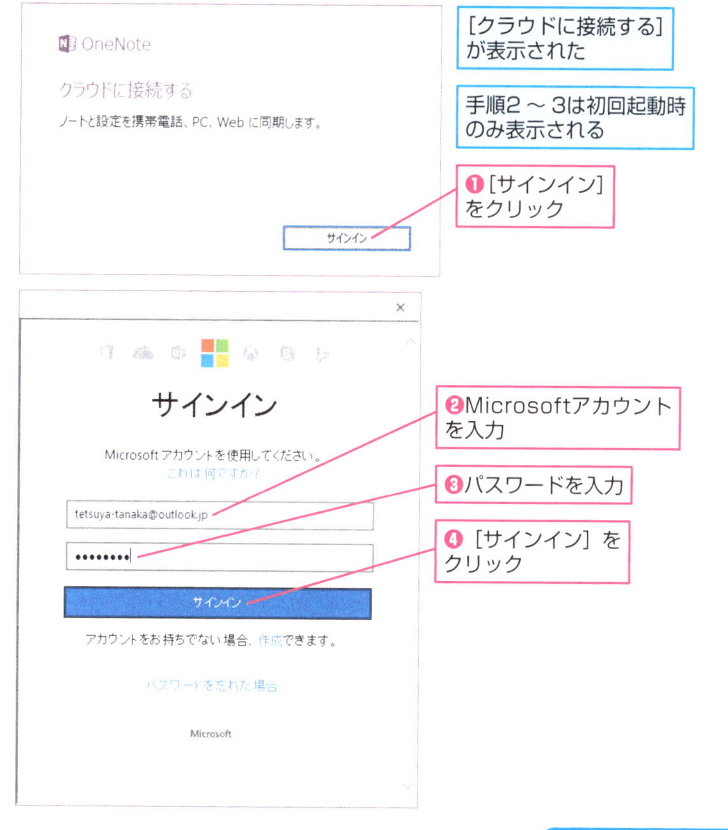

次のページに続く

3 初期設定を行う

関連付けの設定に関するメッセージが表示された

ここでは関連付けを変更しない

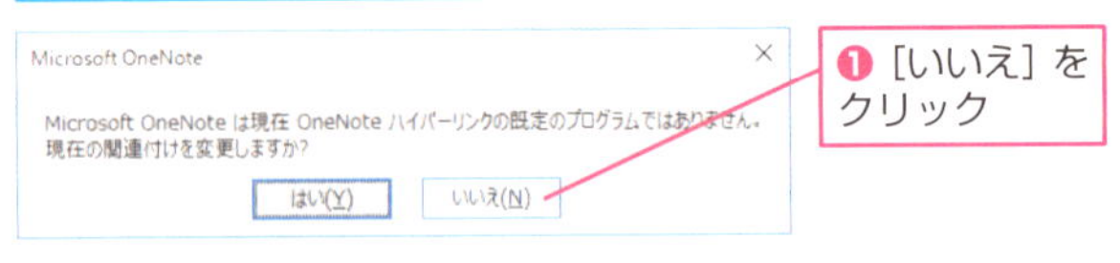

❶［いいえ］をクリック

［最初に行う設定です。］が表示された

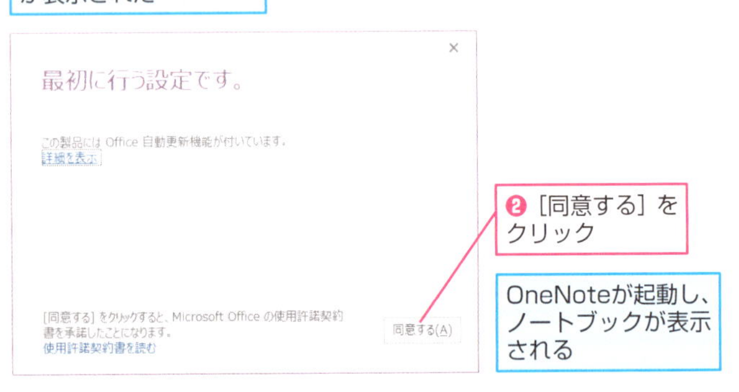

❷［同意する］をクリック

OneNoteが起動し、ノートブックが表示される

OneNoteの起動（Windows 8.1の場合）

1 ［アプリ］画面を表示する

スタート画面を表示しておく

ここにマウスポインターを合わせてクリック

2 OneNote 2013を起動する

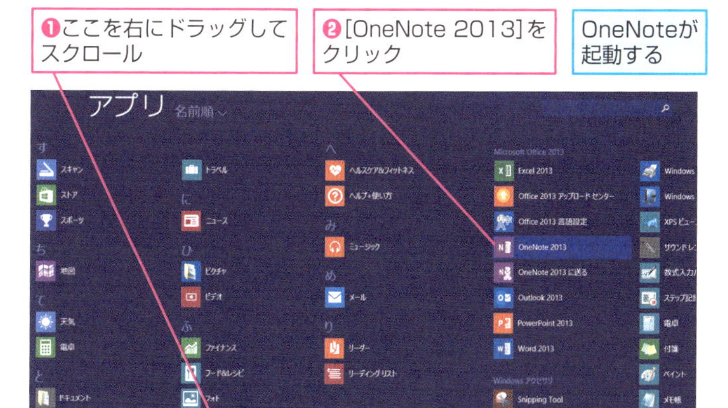

OneNoteの終了

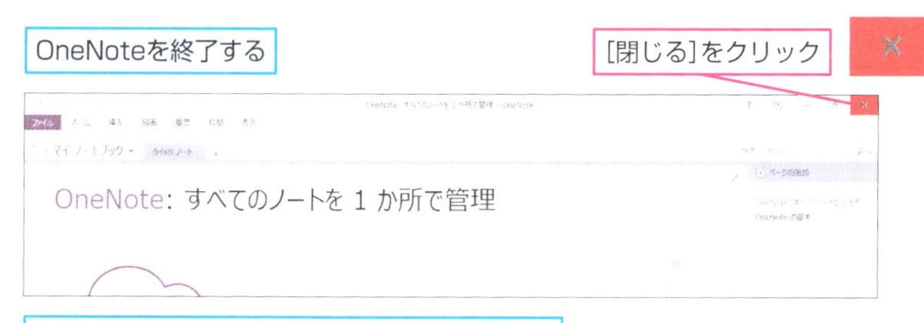

OneNoteが終了し、デスクトップが表示される

Point OneNoteの起動と終了を覚えよう

OneNoteは、WordやExcelなどのアプリケーションと同様に、スタートメニューやスタート画面から起動します。起動後は、ウィンドウ右上にある［閉じる］ボタン（ × ）をクリックすると終了できます。これらはOneNoteを利用する上での基本操作なので、しっかり覚えましょう。

レッスン 3

OneNoteの画面を確認しよう

各部の名称、役割

ここでは、画面各部の名称と役割について解説します。

OneNoteの画面構成

OneNoteは、ノートブックとセクション、ページという3つの要素から構成されています。情報を書き込むところは「ページ」と呼ばれ、システム手帳や紙のノートでいうところの用紙1枚分に相当します。このページをひとまとめにしておくのが「セクション」で、これはインデックスで仕切られた手帳やノートの用紙の1ブロックに当たります。このセクションが複数集まった大きな固まりが「ノートブック」で、文字通り1冊の手帳またはノートのイメージです。

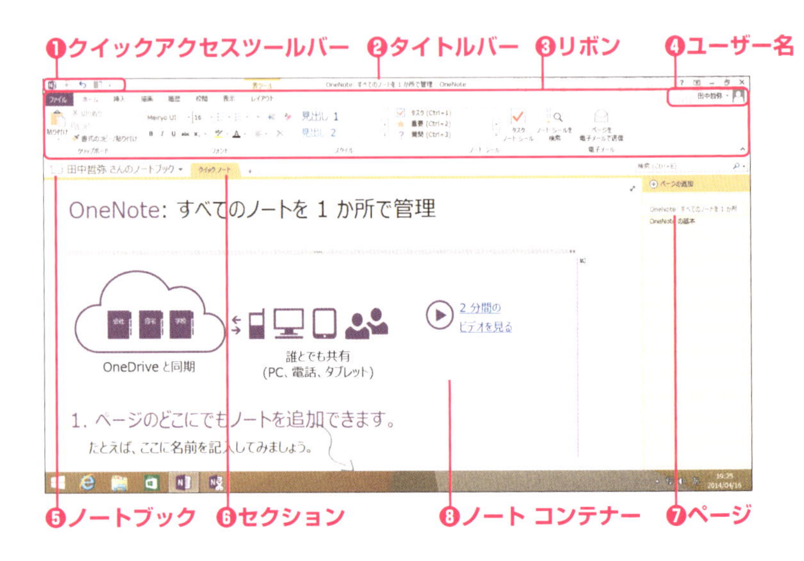

❶クイックアクセスツールバー

操作をやり直す［元に戻す］（↶）など、よく使う機能をすばやく使えるようにボタンがまとめられている。自分で機能を追加することもできる。

❷タイトルバー

中央には表示中のページのタイトルが表示される。

❸リボン

［ホーム］や［挿入］、［描画］といったタブごとにOneNoteの各種機能を利用するためのコマンドボタンがまとめられている。表示される内容はウィンドウの大きさによって異なる。

タブを切り替えて、目的の作業を行う

操作対象や選択状態に応じて、特別なタブが表示される

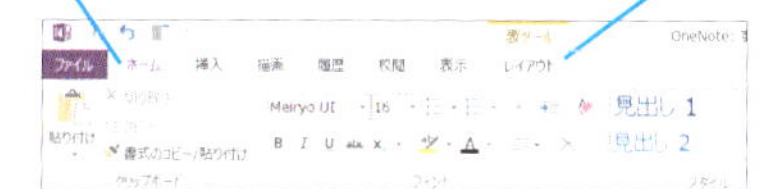

❹ユーザー名

Microsoftアカウントでサインインして OneNoteを利用しているユーザーの名前が表示される。

❺ノートブック

1冊の手帳やノートに相当し、目的や必要に応じて作成できる。

❻セクション

複数のページを束ね、手帳やノートのインデックスのようにページの分類に利用できる。

❼ページ

実際に情報を書き込む用紙に当たる。好きな場所に文字を入力したり画像を挿入したりできる。

❽ノート コンテナー

ページ上に文字を入力したり、画像や図を挿入したりするボックス。自由な位置に複数配置できる。

リボンが常に表示されるようにするには

OneNoteは初回起動時にリボンが非表示になっています。ウィンドウ右上の［リボンの表示オプション］（▣）をクリックして［タブとコマンドの表示］をクリックすると、常時表示されるようになります。本書では、操作の手順をわかりやすくするために、リボンを常時表示する設定にしています。

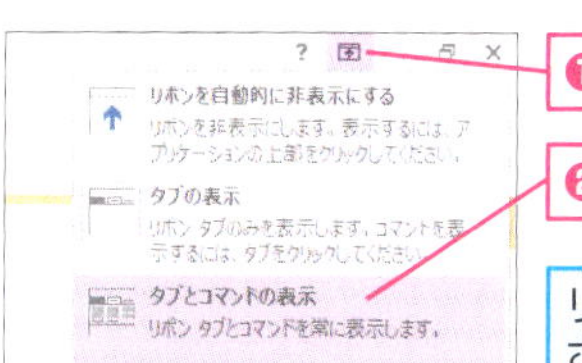

❶［リボンの表示オプション］をクリック

❷［タブとコマンドの表示］をクリック

リボンが常時表示されるようになる

レッスン 4

ノートブックを作るには

ノートブックの作成

OneNoteでは、ノートブック、セクション、ページの3つの要素で情報を整理します。ここでは、ノートブックを新規に作成する方法を解説します。

ノートブックの作成

1 新しいノートブックを作成する

ここではOneDrive上にノートブックを作成する

❶[ファイル]タブをクリック

❷[新規]をクリック

❸[○○さんのOneDrive]をクリック

OneNote 2016では[OneDrive - 個人用]をクリックする

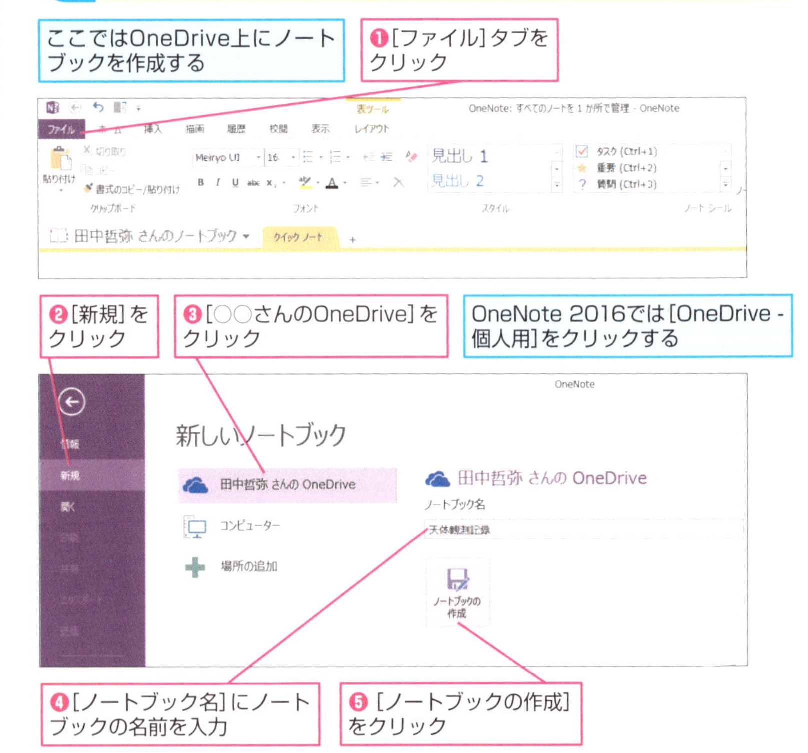

❹[ノートブック名]にノートブックの名前を入力

❺[ノートブックの作成]をクリック

ほかのデバイスで作成したノートブックを開くには

ほかのパソコンやスマートフォン、タブレットでOneNoteを利用していて、ノートブックをOneDrive上に保存している場合、そのノートブックを開いて利用することもできます。まず、手順1と同様に［ファイル］タブをクリックして［開く］をクリックします。OneDriveにサインインしていれば、［OneDriveから開く］にOneDrive上のノートブックの一覧が表示されるので、開きたいノートブックをクリックします。また、手順5の画面にある［他の場所から開く］からでもOneDrive上のノートブックを開けます。

2 共有の設定を選択する

［ノートブックが作成されました。他のユーザーと共有しますか？］が表示された

ここでは、ほかのユーザーとノートブックを共有しない

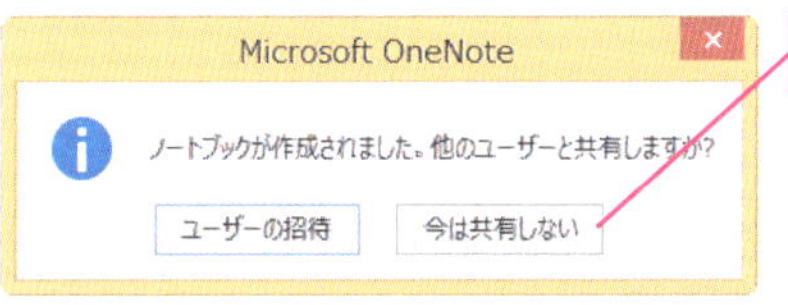

［今は共有しない］をクリック

3 新しいノートブックが作成された

ノートブックが作成された

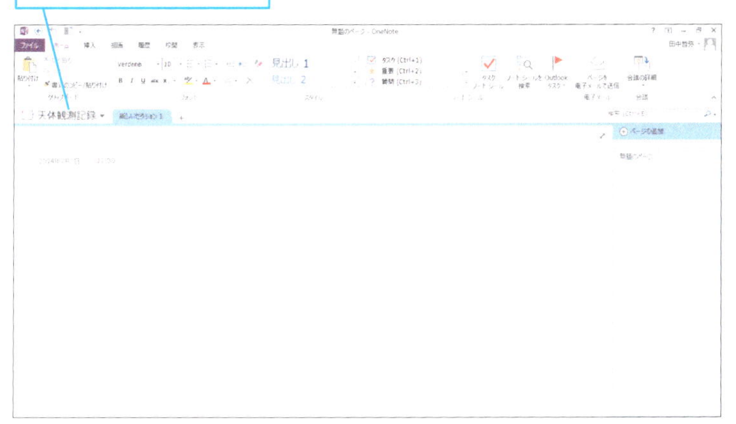

次のページに続く

ノートブックの終了

4 ノートブックを閉じる

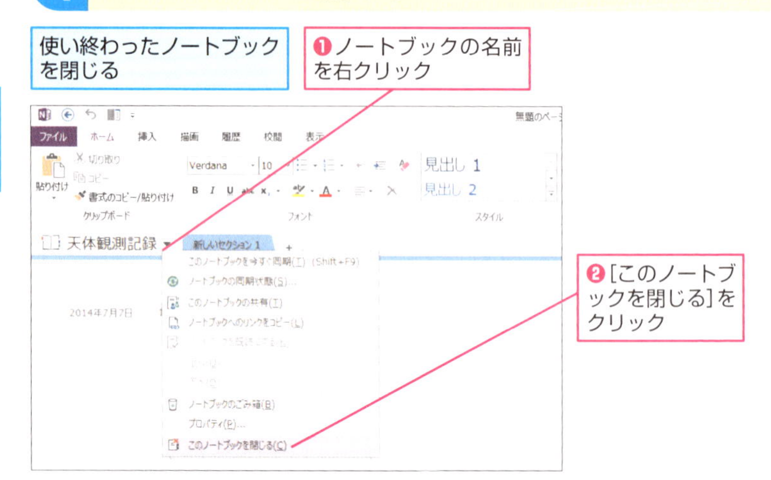

ノートブックが閉じられる

Hint! 入力した作業は自動的に保存される

多くのアプリケーションでは、作成したデータを記録するために、保存を実行する必要があります。保存を行わずにアプリケーションを終了してしまい、作成したデータが消えてしまった経験を持つ人は少なくないでしょう。しかしOneNoteでは、作業内容が自動的に保存される仕組みとなっており、「ファイルに保存する」という行動を意識する必要はありません。

Hint! よく使うノートブックは開いたままにしておこう

OneNoteでは、ノートブックを閉じずに終了することも可能です。この場合、次にOneNoteを起動したときに、そのノートブックが開いた状態で起動します。よく利用するノートブックであれば、そのノートブックを開いたままOneNoteを終了することにより、開き直すことなく、すばやくそのノートブックの内容を見たり、メモを書き込んだりできるので便利です。

ノートブックを開く

5 開くノートブックを選択する

❶[ファイル]タブの[開く]をクリック

❷開きたいノートブックをクリック

ノートブックが開かれる

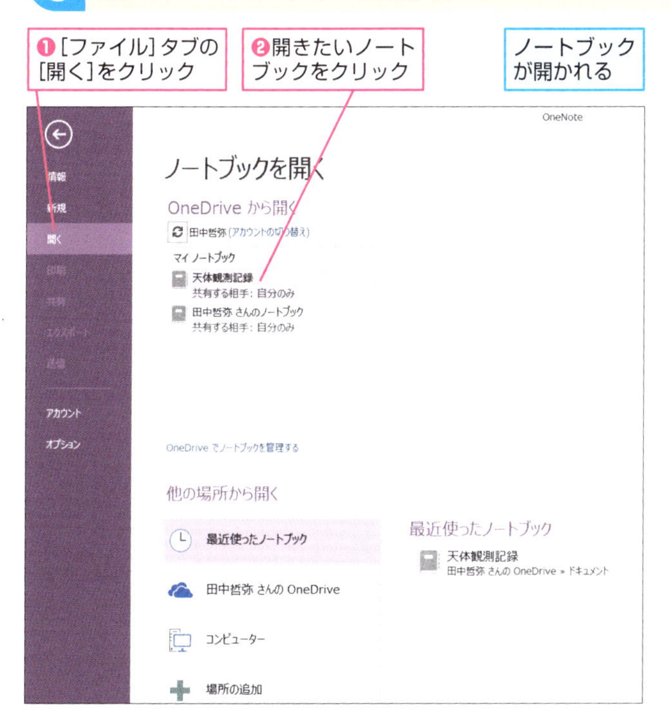

Point ノートブックは情報を整理するための1冊の本

このレッスンでは、OneNoteでノートブックを作成する方法を解説しました。OneNoteでとったメモをしっかりと活用できるように、ノートブックの使い方の基本を覚えておきましょう。なお、本書ではOneNoteのページに入力する文字や画像などの要素を総称して「メモ」と表現しています。

この章のまとめ

ノートブックの仕組みを理解しよう

この章では、OneNoteを使い始めるまでの流れや基本的な仕組みなどについて解説しました。特に大きなポイントになるのが、OneNoteはノートブック、セクション、ページという3つの要素を使って情報を整理するという部分です。この3つの要素を使い、具体的にどのように情報を分類するかはユーザー次第ですが、場当たり的に情報を分類してしまうと、あとから必要な情報を探すときに苦労することになりかねません。そのため、あらかじめノートブックやセクションを使った情報整理のルールを考えておくとよいでしょう。たとえば、仕事用と家庭用でノートブックを分け、さらに仕事用のノートブックは「会議メモ」「企画アイデア」「製品資料」など、情報の内容に応じてセクションで分類するといった方法が考えられます。

OneNoteの基本画面を覚える

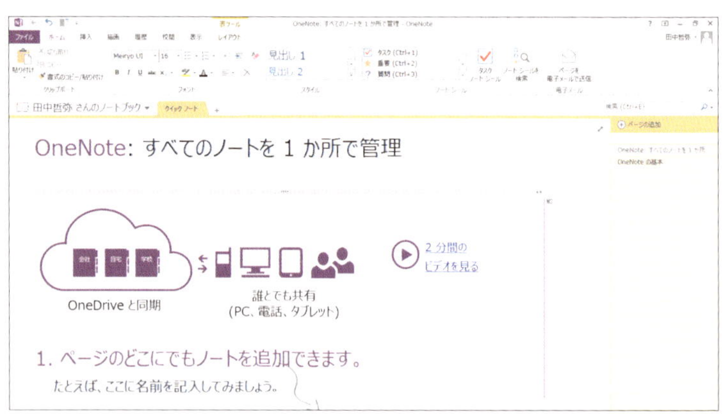

OneNoteでは、ノートブックとセクション、ページの3つの要素を使い分けながら情報を整理していく。

第2章

メモの作成方法を覚える

本章では、ページへの文字の入力やスタイルの適用といった、メモの作成に関する基本操作を紹介します。また、ほかのアプリケーションとの連携など、OneNoteならではの機能も解説します。

レッスン 5

ページに文字を入力するには

ノート コンテナーの作成、削除

まずはOneNoteのページにテキストでメモを書き込んでみましょう。OneNoteではページの好きな位置に、「ノート コンテナー」という要素を使ってメモを書くことができます。

このレッスンは動画で見られます 操作を動画でチェック！▶▶▶
※詳しくは6ページへ

ノート コンテナーの作成

1 ページのタイトルを入力する

ページを表示しておく

❶ここをクリック

❷ページのタイトルを入力

❸文字を入力したい場所をクリック

ページの一覧にタイトルが表示された

2 文字を入力する

メモの内容を入力

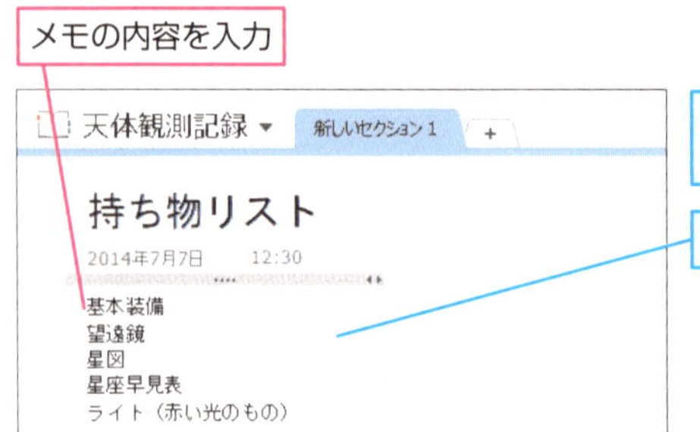

文字が入力され、ノート コンテナーが作成された

◆ノート コンテナー

ノート コンテナーの削除

3 ノート コンテナーを削除する

同様にして別の場所に文字を入力しておく

ノート コンテナーごと文字を削除する

❶ノート コンテナーにマウスポインターを合わせる

マウスポインターの形が変わった

❷そのままクリック

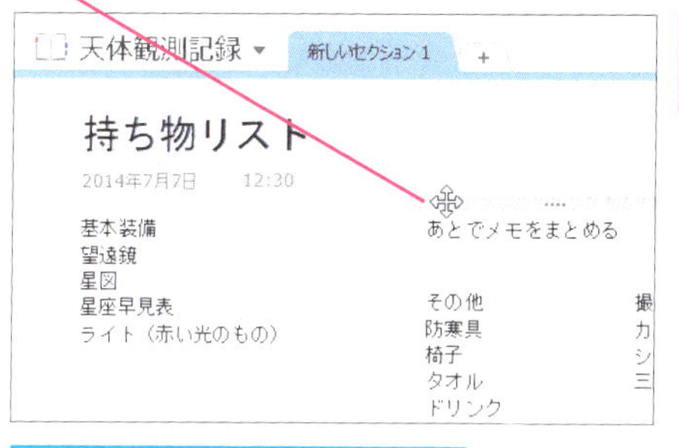

ノート コンテナーが選択された

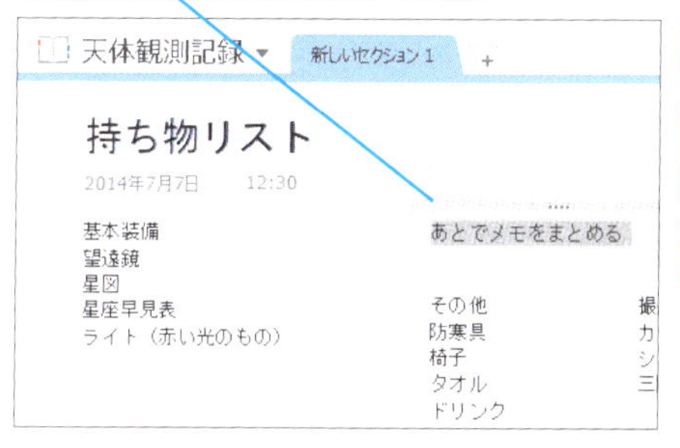

❸ Delete キーを押す

ノート コンテナーが削除される

Back space キーでも削除できる

Point ページの好きな場所にメモをとろう

OneNoteでは、ページ内のクリックした場所にノート コンテナーが作成されるため、どこでも好きな場所にメモを書き込めます。紙のノートと同じように、場所を気にせずに文字が書き込めるのはOneNoteの大きな特徴です。

レッスン 6

入力した文字を移動するには

ノート コンテナーの編集

作成したノート コンテナーは、ページ内の別の場所に自由に動かすことができます。また、別のノート コンテナーと結合したり、逆に2つに分割したりできます。

このレッスンは
動画で見られます
操作を動画でチェック!
※詳しくは6ページへ

第2章 メモの作成方法を覚える

ノート コンテナーの移動

1 ノート コンテナーを移動する

ページに文字で入力し、ノート コンテナーを作成しておく

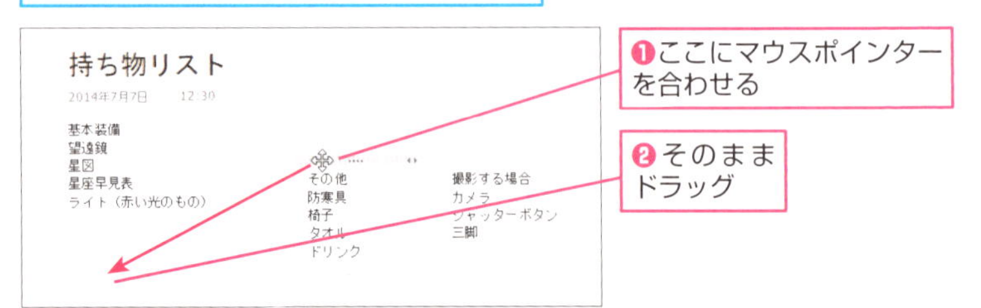

2 ノート コンテナーが移動した

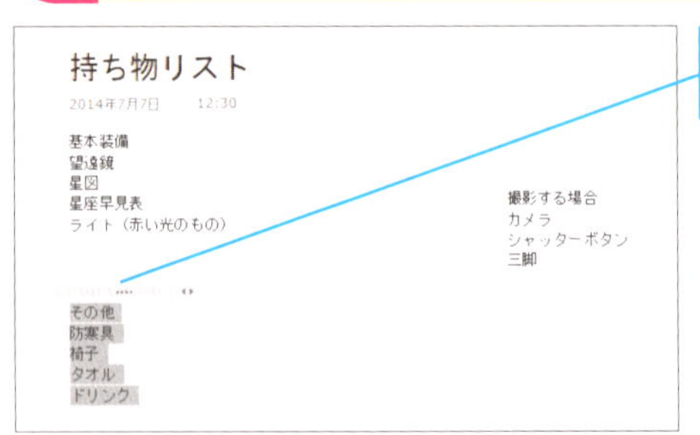

ドラッグした場所までノート コンテナーが移動した

ノート コンテナーをコピーしたり切り取ったりするには

ノート コンテナーをクリックして選択し、［ホーム］タブにある［切り取り］や［コピー］をクリックすれば、ノート コンテナーを切り取ったりコピーしたりできます。そのあと、ページ内の好きな場所にカーソルを移動して［貼り付け］をクリックすると、ノート コンテナーを貼り付けられます。なお、Ctrl＋Xキー（切り取り）、Ctrl＋Cキー（コピー）、Ctrl＋Vキー（貼り付け）のショートカットキーも使えます。

ノート コンテナーの結合

3 ノート コンテナーを結合する

2つのノートコンテナーを1つにする

❶ここにマウスポインターを合わせる

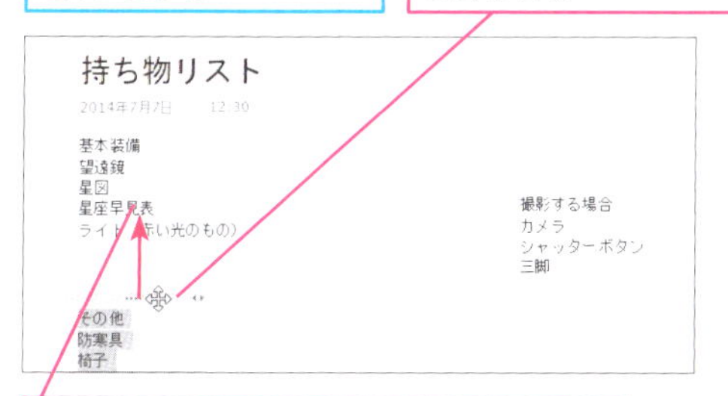

❷Shiftキーを押しながらここまでドラッグ

4 ノート コンテナーが結合された

2つのノート コンテナーが1つになった

次のページに続く

5 ノート コンテナーを分割する

ノート コンテナー内の文字から、新しいノート コンテナーを作成する

❶移動したい文字をドラッグして選択

❷選択した文字をここまでドラッグ

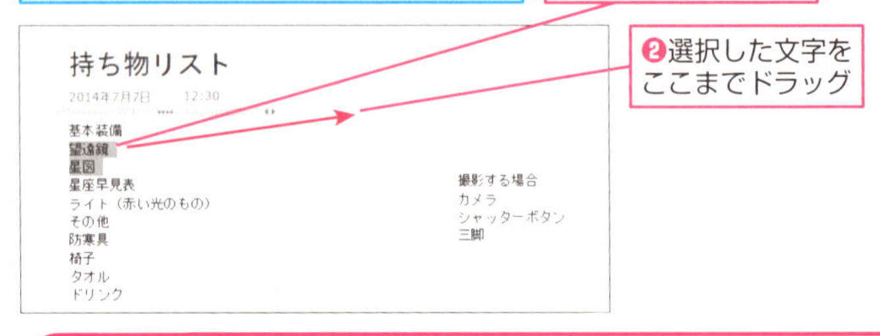

6 ノート コンテナーが分割された

選択した文字だけが移動し、新しいノート コンテナーが作成された

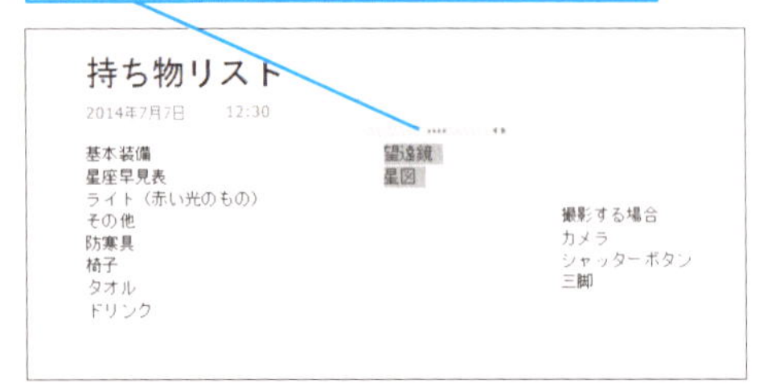

Point ノート コンテナーを使いこなせるようにしよう

ページ内にメモを作成するとき、1つの場所にまとめて書くよりも、それぞれの内容に合わせて位置を調整した方が、あとから見たときに関連性や優先度などを把握しやすくなります。OneNoteであれば、自由にメモの位置を変えたり、結合・分割したりできるので、あとから見たときに分かりやすいノートに仕上げられます。

ノート コンテナーの幅を広げるには

ノート コンテナーの右端にマウスポインターを合わせて左右にドラッグすると、ノート コンテナーの幅を変えられます。なお、高さは内容に合わせて自動的に調整されます。

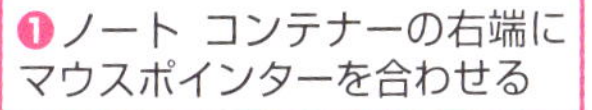

マウスポインターの形が変わった

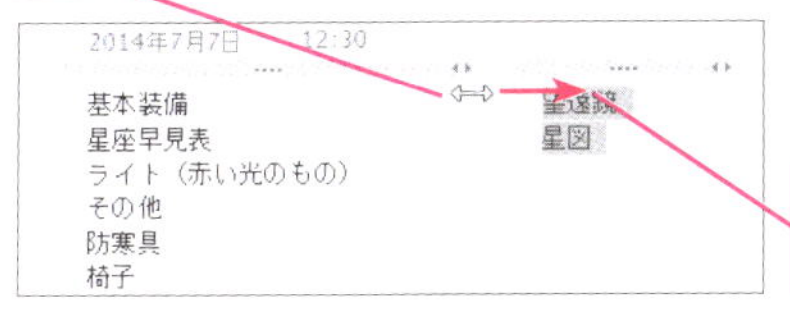

❷右にドラッグして幅を調整

複数のノート コンテナーを同時に選択するには

複数のノート コンテナーをまとめて移動したい、あるいは切り取りやコピーをしたいといった場合、まずページ上の何もない場所を始点に、まとめて操作したい複数のノート コンテナーが長方形の中に含まれるようにドラッグして選択します。そうすると、ひとつのノート コンテナーの操作と同様に、移動したり、切り取りやコピーをしたりできます。

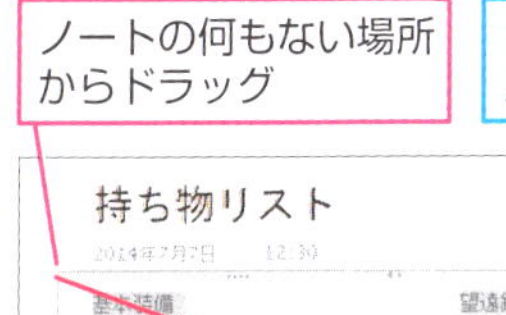

ドラッグして囲んだ範囲内にある
ノート コンテナーが選択される

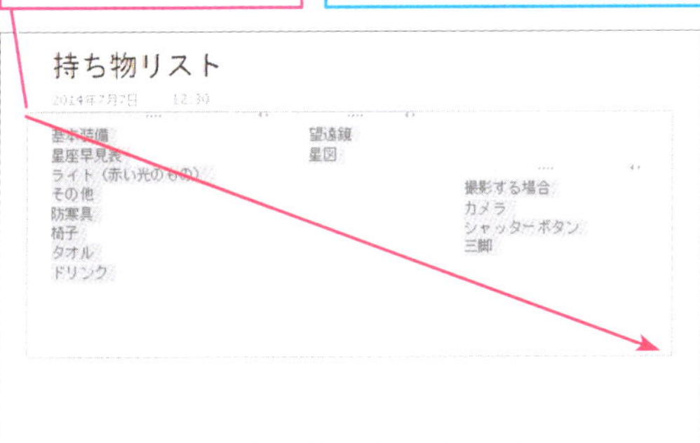

レッスン
7

文字の大きさや色を変更するには

スタイル

OneNoteでは、「スタイル」と呼ばれる設定を使って指定した文字を見出しとして目立つようにできるほか、文字のフォントの種類やサイズの変更、インデントなどの設定も可能です。

1 スタイルを変更したい文字を選択する

「基本装備」に見出しのスタイルを設定する

スタイルを変更したい文字をドラッグして選択

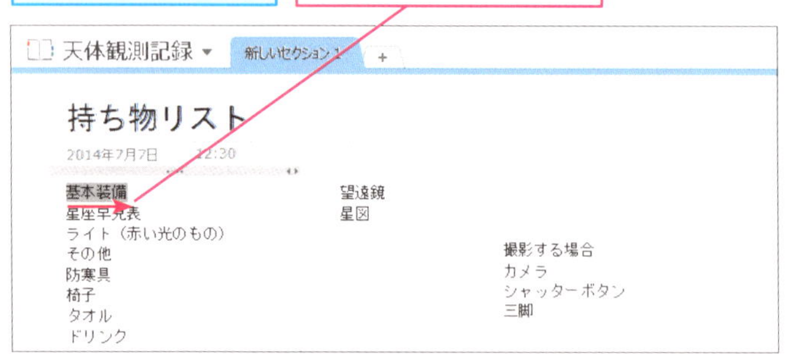

Hint!

文字の書式を個別に変更するには

フォントやサイズを個別に変更するには、WordやExcel、PowerPointなどと同様に、目的の文字を選択したあとで［ホーム］タブの［フォント］グループの各書式ボタンをクリックします。

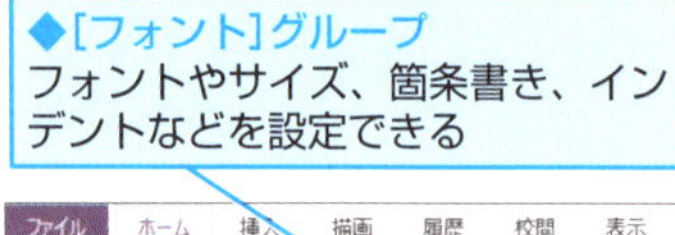

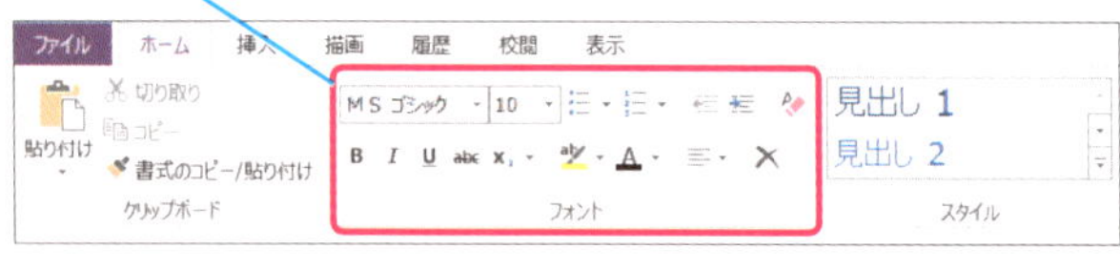

「スタイル」ってなに？

スタイルとは、フォントの種類やサイズ、色などの書式をまとめて設定できる仕組みです。たとえば、OneNoteでは「見出し1」のスタイルのフォントとして「MS ゴシック」または「游ゴシック」、サイズは16ポイント、色として濃い青が設定されています。なお、スタイルでは単に文字の書式をまとめて設定できるだけでなく、文書の構造を識別するための情報も設定されます。

2 文字にスタイルを適用する

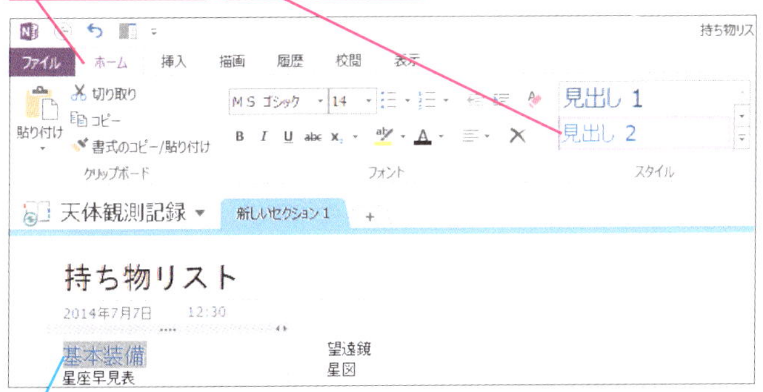

Point

スタイルを適用してページにメリハリをつけよう

見出しと本文を区別しやすくする、文字を大きくする、文字の色を変えるといったように、スタイルを使って注目すべきポイントを目立たせれば、見た目が美しいだけでなく、あとから読み返すときに分かりやすいメモを作成できます。メモを有効に活用するためにも、スタイルを上手に使いこなしましょう。

レッスン 8

メモの内容に目印を付けるには

ノート シール

OneNoteには、重要なメモを目立たせたり、タスクとして管理できるようにチェックボックスを付けたりできる「ノート シール」が用意されています。

第2章 メモの作成方法を覚える

このレッスンは動画で見られます 操作を動画でチェック!

※詳しくは6ページへ

ノート シールの追加

1 ノート シールを付けたいメモを選択する

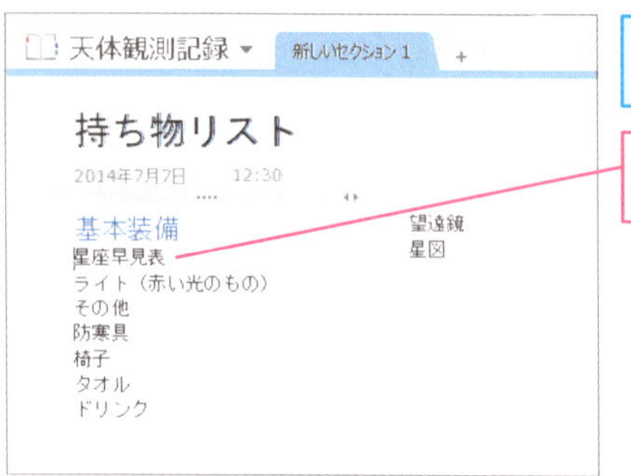

ページの重要な項目にノート シールを付ける

ノート シールを付けたい行をクリック

Hint!

ノートシールでタスクを管理するには

ノート シールの種類の1つである［タスク］を利用すれば、メモとして書き込んだ内容を使ってタスク（やること）を管理できます。タスクの内容を文字で入力し、その行にカーソルがある状態で手順2の画面にある［タスク］または［タスク ノート シール］をクリックすると、文字の前にチェックボックスが表示されます。チェックボックスをクリックすると、作業が完了したことを示すチェックマークが付きます。

Hint!

すばやくノート シールを付けるには

入力した文字にマウスポインターを合わせると、左側に矢印形のアイコン( )が表示されます。このアイコンをクリックすると、その行のフォントの種類や文字のサイズなどを変更できるメニューが表示されますが、その中にノート シールを付けるための項目もあり、すばやくノート シールを付けられます。

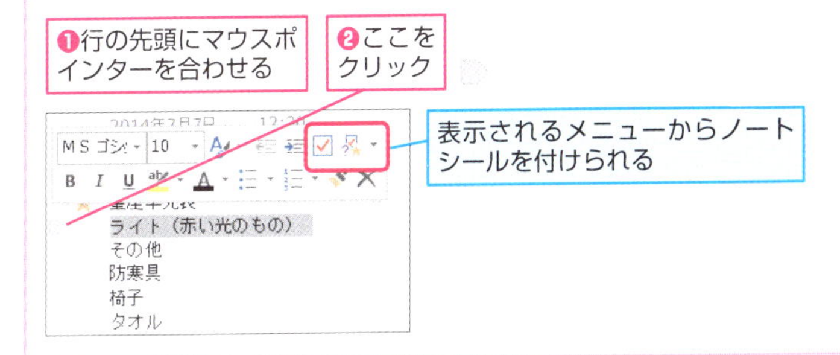

2 ノート シールを付ける

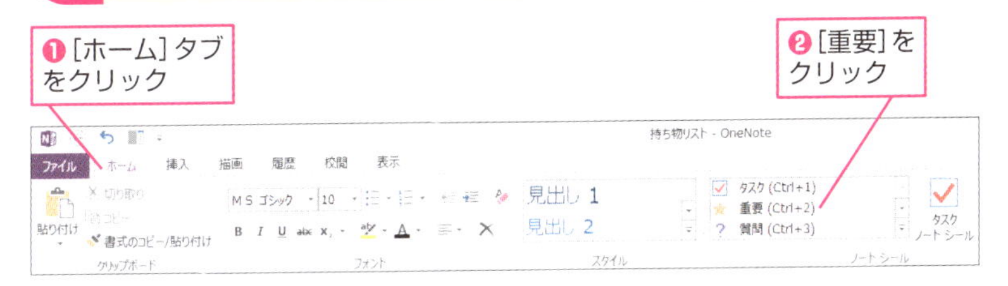

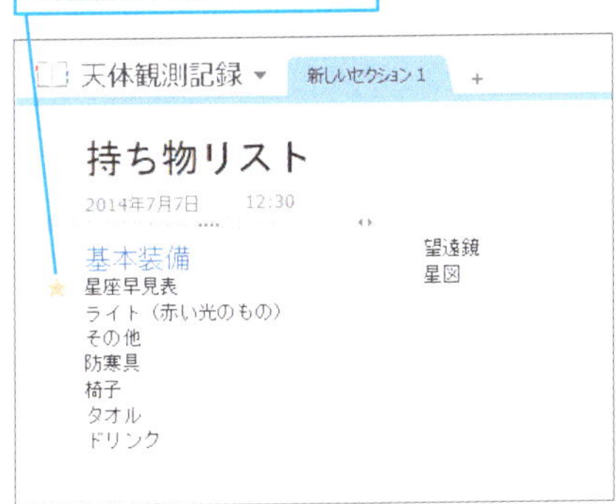

次のページに続く

ノート シールの削除

3 ノート シールを削除する

ほかの行にもノート シールを付けておく

間違って付けたノート シールを削除する

❶ノート シールを右クリック

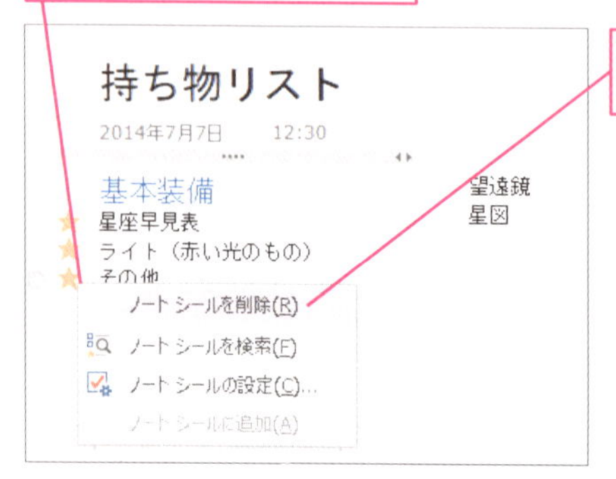

❷[ノート シールを削除]をクリック

4 ノートシールが削除された

選択したメモのノート シールが削除された

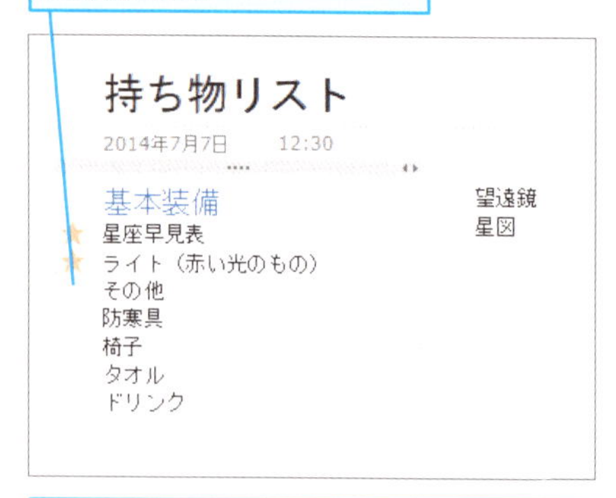

手順2を参考に、同じノート シールを再度付ける操作をしてもノート シールを削除できる

Hint!

ノート シールにはさまざまな種類がある

OneNoteでは、標準で29種類のノート シールが用意されています。内容はバラエティに富んでいて、タスク関連（タスク／上司と相談／会議を設定）、顧客や取引先、友だちの情報の整理用（連絡先／住所／電話番号）、プロジェクト分類（プロジェクトA／プロジェクトB）などが用意されています。見やすく、検索も可能なので（レッスン28を参照）、目的の情報をすばやく探したい場面で有効です。なお、［ノート シールの設定］をクリックすると表示される［ノート シールのカスタマイズ］では、新しいノート シールを作成したり、既存のノート シールの設定を変更したりできます。

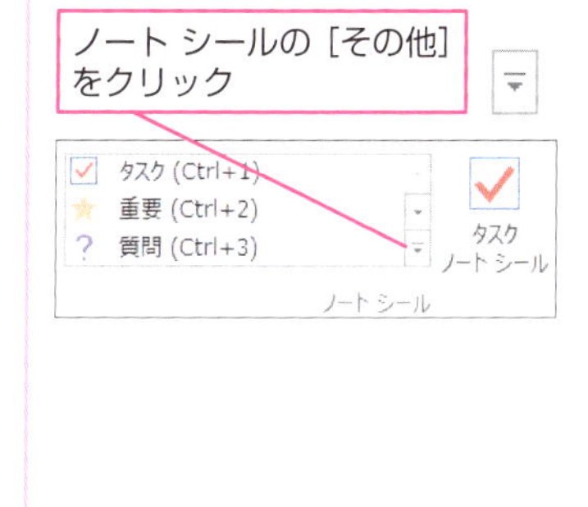

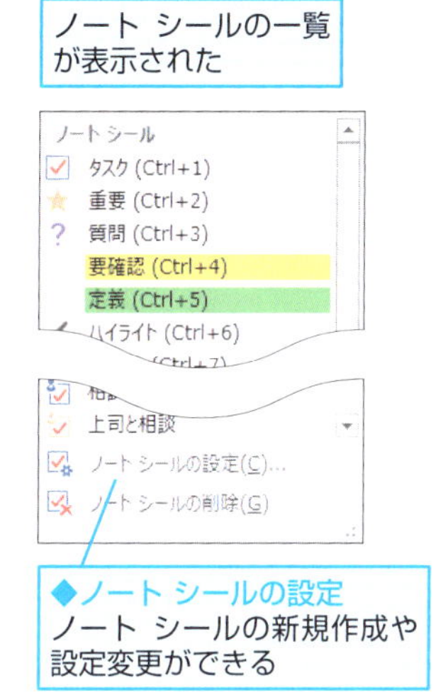

Point ノート シールを上手に付けて使いやすいノートを作ろう

OneNoteを使って情報を整理するとき、積極的に使いたいのがノート シールです。メモの一部をアイコンを使って強調するだけでなく、複数のノート シールを使い分けてそれぞれの意味をわかりやすく表現したり、やるべきことを管理したりと、さまざまな目的で利用できます。また、自分の使い方に合ったノート シールにカスタマイズできることもポイントです。

レッスン 9

ページを作るには

ページの追加

さまざまな情報を書き込んで1ページの情報量が増え、異なるテーマや内容のページを作成する必要が出てきたら、新しいページを追加しましょう。

ページの追加

1 新しいページを追加する

ノートブックを開いておく

[ページの追加]をクリック

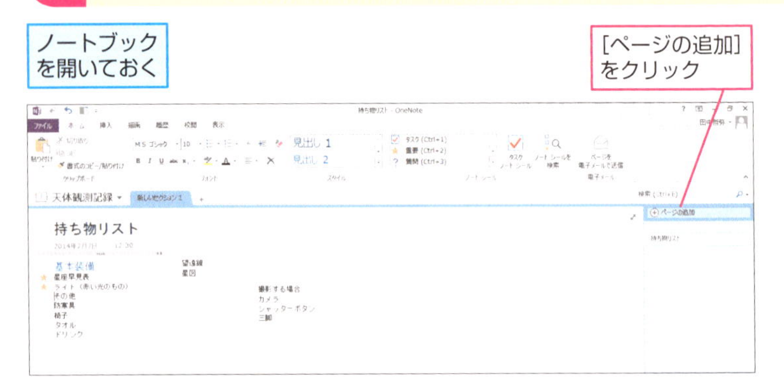

Hint! ページに色や罫線を設定するには

[表示]タブをクリック

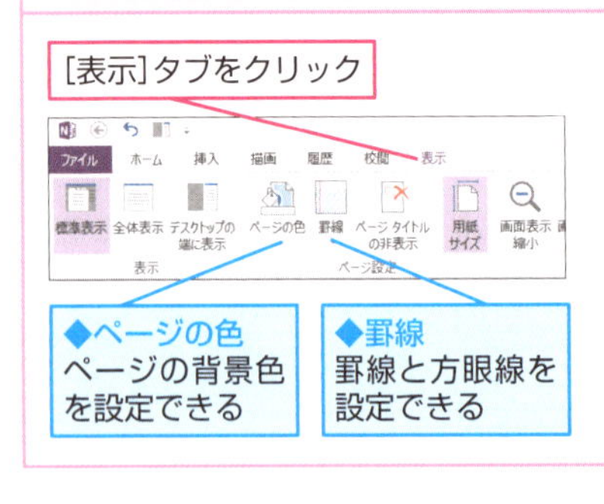

◆ページの色
ページの背景色を設定できる

◆罫線
罫線と方眼線を設定できる

ページの背景色は白が標準ですが、[表示]タブの[ページの色]で変更できるほか、[罫線]で紙のノートのような罫線を背景に引くことも可能です。特に、ノート コンテナーの位置を細かく調整したいときには、罫線を表示すると便利です。

Hint!

ページの用紙サイズを設定するには

OneNoteの標準の設定では、ページの大きさに制限はありません。ただ、ページを印刷して使いたい場合は、あらかじめ用紙サイズを設定しておくと、ページがどのように印刷されるのかを事前に把握できて便利です。用紙サイズを設定するには、まず［表示］タブの［用紙サイズ］をクリックします。ウィンドウの右側に［用紙サイズ］が表示されるので、用紙サイズや向き、余白などを設定します。

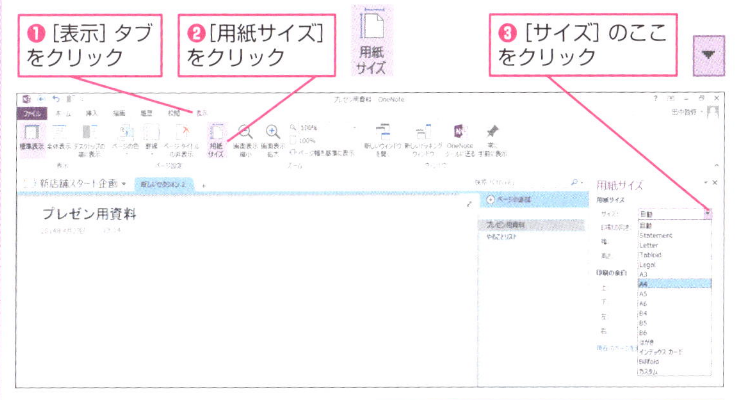

さまざまな用紙サイズを設定できる

2 ページが作成された

次のページに続く

3 ページの順序を変更する

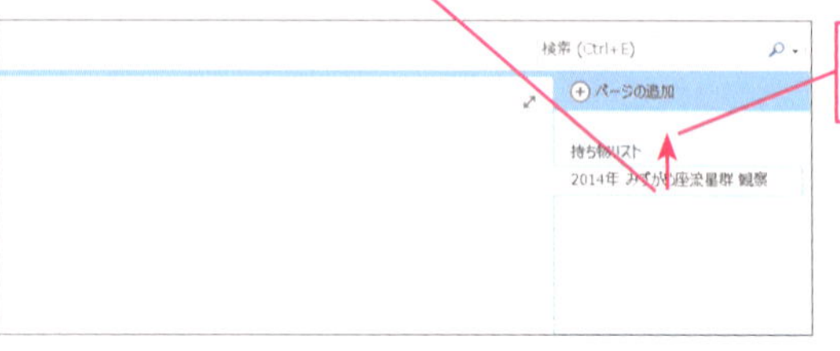

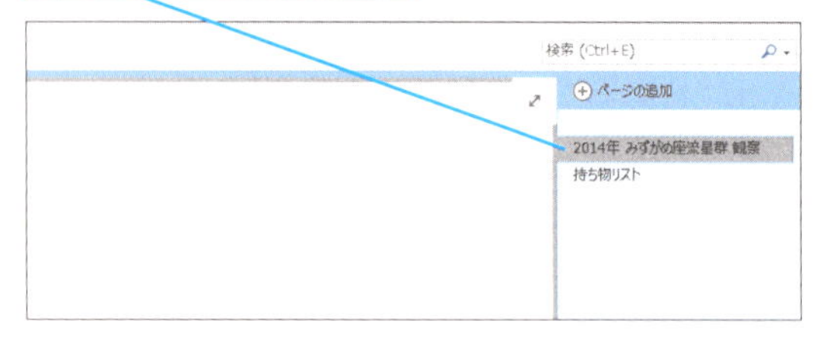

Point 用途や目的に合わせたページ作りを心がけよう

書き込んだメモをあとから見返して活用することを考えたとき、ページの使い分けが重要になります。当然ですが、関連性のないメモを1ページにまとめたり、逆に1ページにまとめるべきメモを複数のページに分割したりすれば、あとから探しにくくなってしまうでしょう。自由にページを追加でき、用紙サイズを気にせずメモを書き込める点は、紙のノートにはないOneNoteならではのメリットですが、だからといって無秩序にページを使うのではなく、ページごとに用途や目的を決めて使い分けることを意識しましょう。

Hint! 新しいページを挿入するには

一覧の最後にページを追加するのではなく、ページとページの間に挿入したい場合は、ページ一覧のページを挿入したい位置にマウスポインターを合わせて、左側に表示される十字マークが付いた矢印形のアイコン（[+>]）をクリックします。これで、その位置にページが挿入されます。

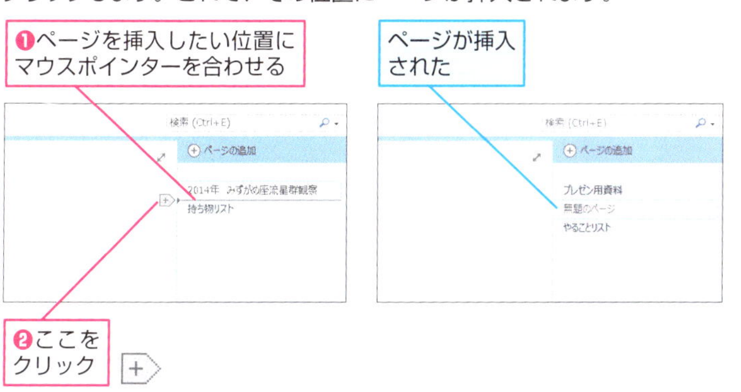

Hint! 「サブページ」を使って階層構造を作れる

あるページに関連するページを整理したいといった場面で活用できるのが、「サブページ」です。これは複数のページをグループ化する仕組みで、ページの配下に別のページを作成できます。サブページを作るには、サブページにしたいページを右クリックして表示されるメニューで［サブページにする］を選択します。

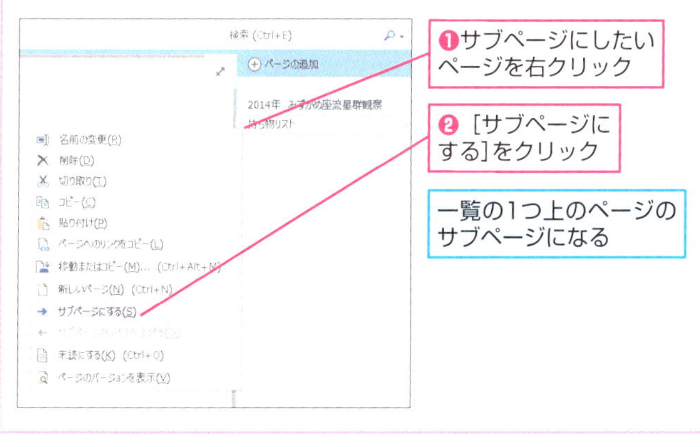

レッスン 10

ほかのアプリケーションを使いながらメモをとるには

リンク ノート

Wordの文書と関連したメモを作成したい、といった場面で便利なのが「リンク ノート」です。この機能では、作成したメモに、ほかのファイルへのリンクを設定できます。

右端への画面移動

1 OneNoteの画面を移動する

メモをとりたいページを表示しておく

[デスクトップの端に表示]をクリック

2 OneNoteの画面が移動した

OneNoteの画面がデスクトップの右端に移動した

ほかのアプリケーションを使いながらメモをとれる

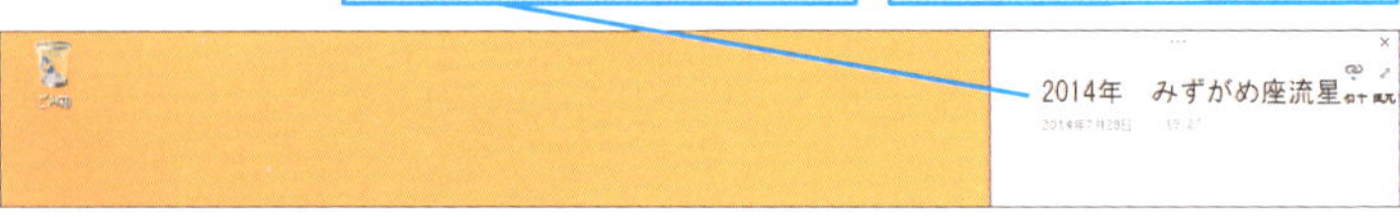

Hint!

WordやPowerPointでもリンク ノートを作れる

リンク ノートの機能は、WordやPowerPoint、WebブラウザーであるInternet Explorerと組み合わせて利用できます。たとえば、Internet ExplorerでWebサイトを表示しながら、そこに書かれている内容をもとにメモを作成したいといった場面に便利です。なお、ExcelやMicrosoft Edge（Windows 10のWebブラウザー）には対応していません。

Hint!

OneNote 2016で画面を右端に移動するには

OneNote 2016では、手順1の場所（クイックアクセスツールバー）に［デスクトップの端に表示］ボタンがないため、［表示］タブにある［デスクトップの端に表示］ボタンをクリックします。

❶［表示］タブをクリック

❷［デスクトップの端に表示］をクリック

リンク ノートの作成

3 リンク ノートを作成する

参照したいWordの文書を開いておく

❶OneNoteの画面をクリックして文字を入力

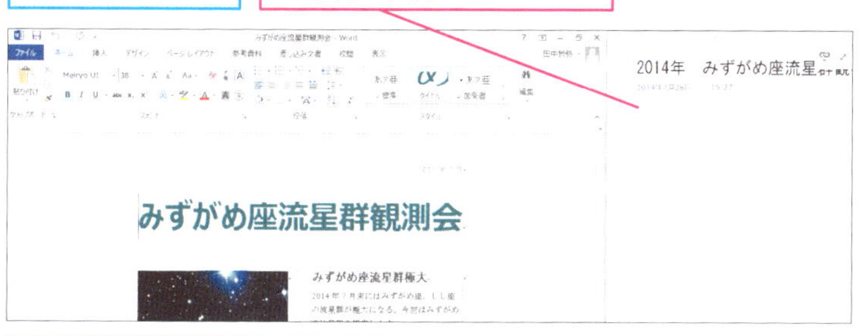

リンク ノートの確認画面が表示された

次回からこの画面を表示しないようにする

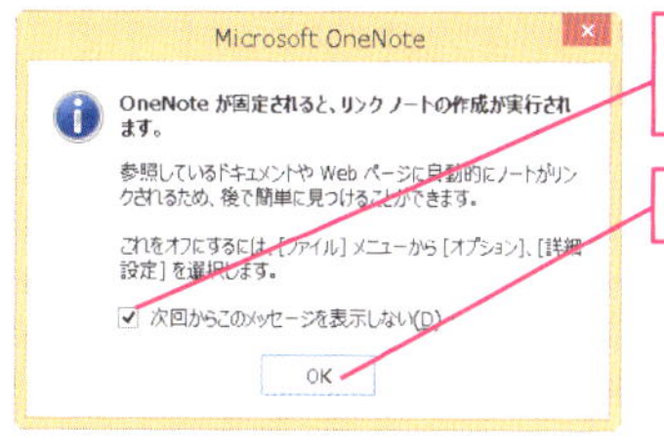

❷［次回からこのメッセージを表示しない］にチェックマークを付ける

❸［OK］をクリック

次のページに続く

4 リンク ノートが作成された

リンク ノートの作成が開始された

ここをクリックすると、リボンが表示される

Wordの文書を参照しながら文字を入力

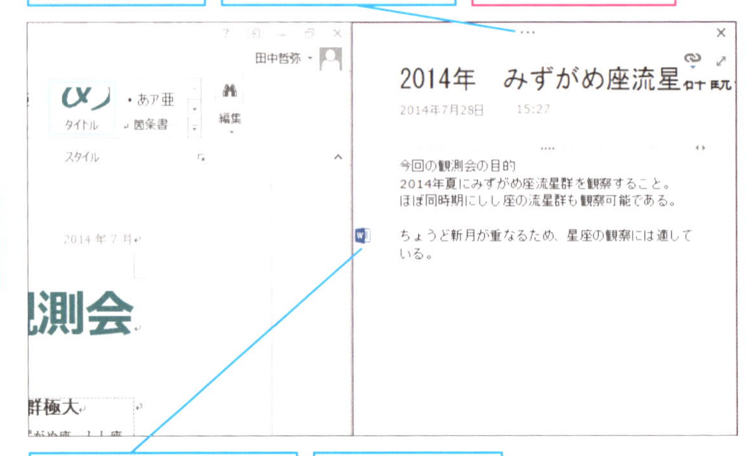

入力を開始すると、Wordのアイコンが表示される

入力が完了したら、Wordを終了する

Hint!
リンクしたいファイルの編集中にOneNoteを起動するには

OneNoteがインストールされていると、WordとPowerPointの［校閲］タブに［リンク ノート］が表示されます。このボタンをクリックすると、リンク ノートが有効になった状態でOneNoteが起動し、画面の端に表示されます。このとき、［OneNoteの場所の選択］ダイアログボックスが表示された場合は、リンク ノートを作成したいノートブック内のセクション、あるいはページを選択して［OK］をクリックします。

WordとPowerPointは［校閲］タブに［リンク ノート］ボタンがある

［リンク ノート］をクリックすると、OneNoteが起動する

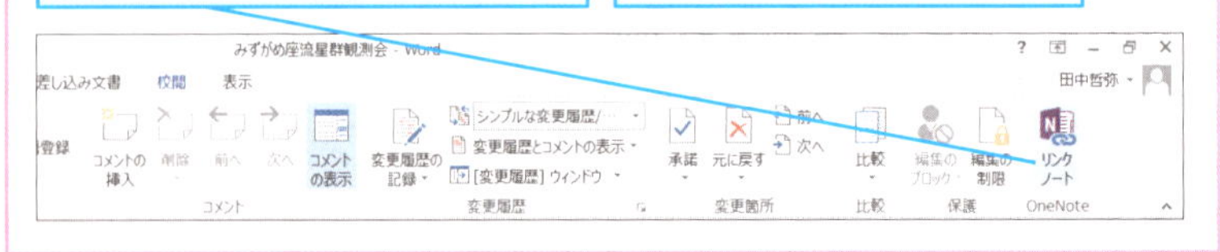

5 OneNoteの画面を標準表示に戻す

OneNoteの画面を元に戻す

[標準表示]をクリック

2014年　みずがめ座流星
2014年7月28日　15:27

6 リンクしているファイルを開く

OneNoteの画面が元に戻った

リンクしているWordの文書を確認する

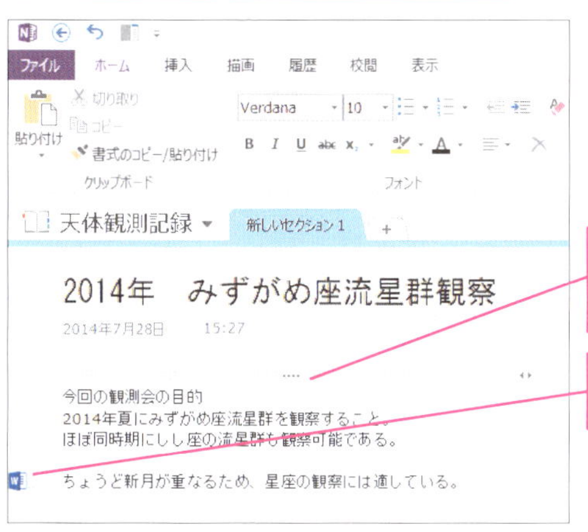

❶Wordの文書を参照したノート コンテナーにマウスポインターを合わせる

❷Wordのアイコンをクリック

[警告]が表示された

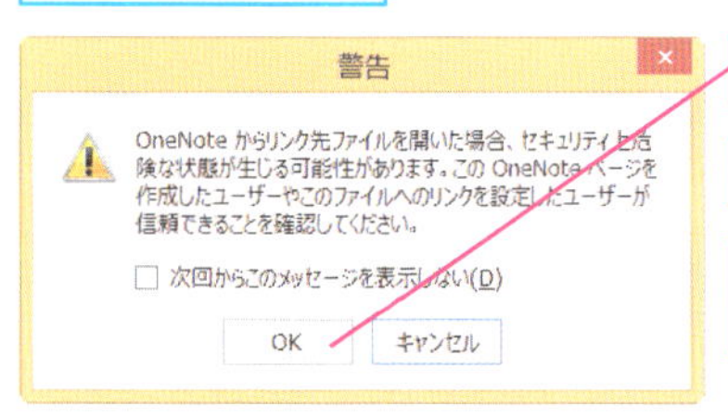

❸[OK]をクリック

参照していたWord文書が表示される

リンク ノート作成時の場所からファイルが移動している場合は表示できない

次のページに続く

リンク ノートの解除

7 解除したいリンク ノートを選択する

Wordのリンク ノートを解除する

❶リンク ノートを解除したいノート コンテナーにマウスポインターを合わせる

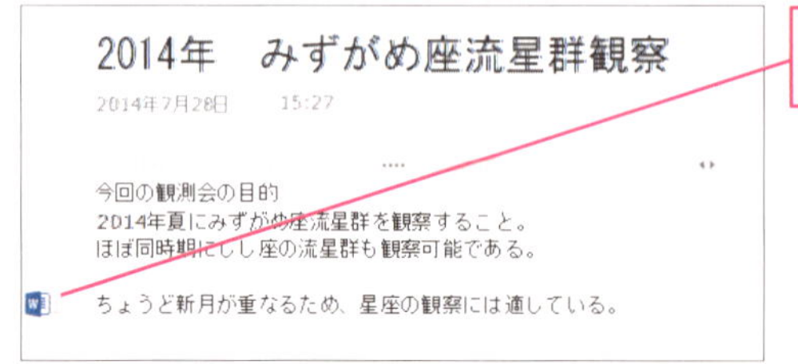

❷Wordのアイコンを右クリック

8 リンク ノートを解除する

メニューが表示された

[リンクの解除]をクリック

OneNote 2016では［リンク ノート］-[リンクの解除]の順にクリックする

今回の観測会の目的
2014年夏にみずがめ座流星群を観察すること。
ほぼ同時期にしし座の流星群も観察可能である。
星座の観察には適している。
リンクされたファイルを開く(F)
リンクのコピー(P)
リンクの編集(L)
リンクの解除(R)
リンク ノートのオプション(O)...

リンク ノートが解除される

Point リンク ノートで参照先をすぐに確認できる

資料を見ながらメモを作成したものの、もとの資料がどれだったか忘れてしまった、といった失敗を防げるのがリンク ノートです。WordやPowerPointの文書、Internet Explorerで表示しているWebページを見ながらメモを作るときにはぜひ活用したい機能です。

Hint!

ページ全体のリンク ノートをまとめて解除するには

ページの右上にあるリンク ノートのアイコンをクリックし、[このページのリンクを解除] - [このページのすべてのリンクを解除] の順にクリックすると、ページ内にあるすべてのリンク ノートが解除されます。なお、[このページのリンクを解除] のサブメニューには、ページ内にあるリンク ノートの一覧が表示されるので、ここから特定のリンク ノートだけを解除することも可能です。

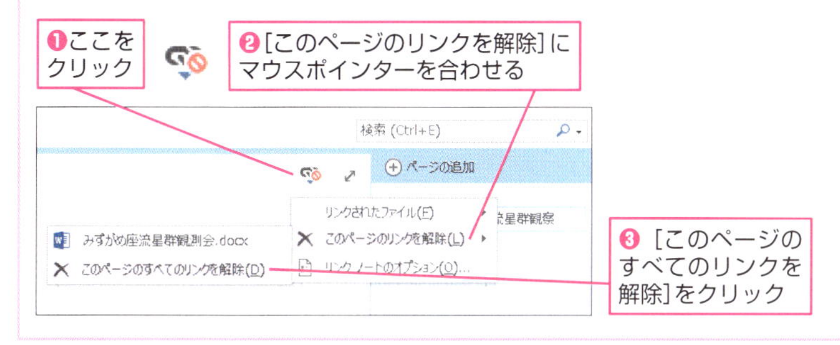

Hint!

Internet Explorerからリンク ノートを作るには

Internet Explorerを表示している状態で、Webページに関連するメモを作成したいときは、コマンドバーにある [OneNote リンク ノート] ボタンをクリックします。コマンドバーが表示されていない場合は、以下の手順で表示しましょう。[OneNote リンク ノート] ( ) をクリックしたとき、[OneNoteの場所の選択] ダイアログボックスが表示された場合は、リンク ノートを作成するセクション、あるいはページを指定します。

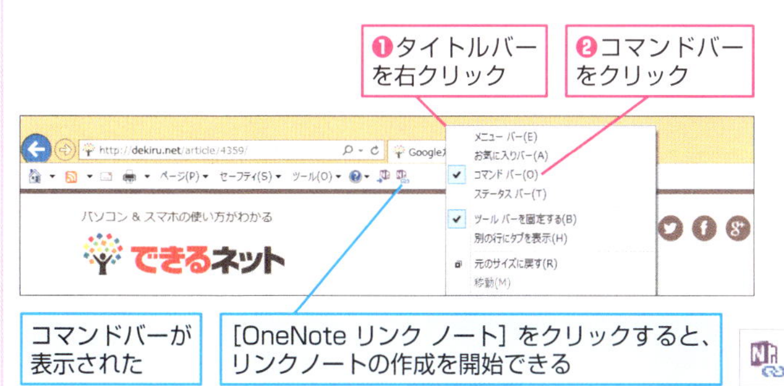

10 リンク ノート

レッスン 11

すばやくメモをとるには

クイック ノート

メモをとるとき、通常はOneNoteを起動してノートブックを開き、セクションとページを選択しますが、クイック ノートを使えばすばやくメモを作成できます。

クイック ノートの起動

1 [OneNoteに送る] を起動する

すでに[OneNoteに送る]を起動している場合は、タスクバーをクリックして表示する

2 クイック ノートを開く

[OneNoteに送る]が起動した

[新しいクイック ノート]をクリック

OneNote 2016では、すぐに手順3の画面が表示される

Hint!

[OneNoteに送る] って何?

テキストのメモを作成したり、画面に表示されている内容を画像としてページに貼り付けたりといった作業をすばやく行うことができるツールが[OneNoteに送る] です。さらに、WordやExcel、PowerPoint、Webブラウザーと連携し、それらのアプリケーションで開いているドキュメントやWebサイトの印刷イメージを取り込む機能もあります。

3 メモをとる

クイック ノートが表示された

ここをクリックすると、クイック ノート用のリボンが表示される

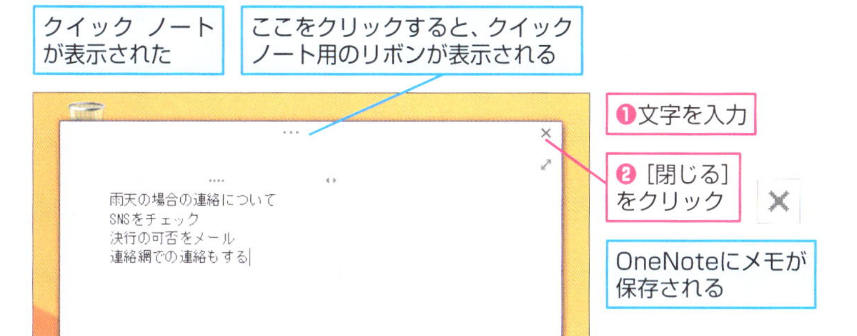

❶文字を入力

❷[閉じる]をクリック

OneNoteにメモが保存される

クイック ノートの確認

4 [クイック ノート] ノートブックを表示する

OneNoteを起動しておく

メモは [クイック ノート] ノートブックのページとして保存されている

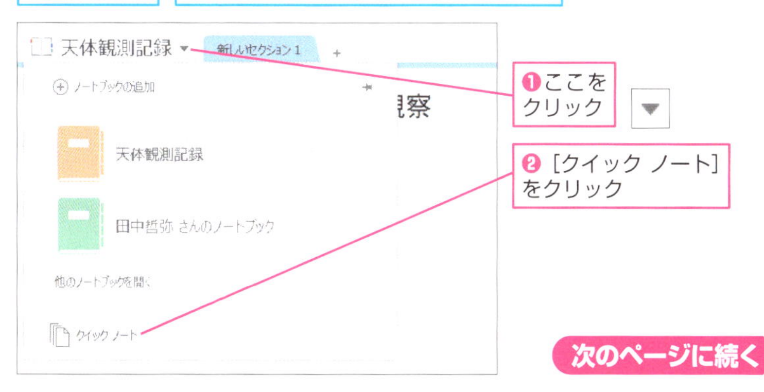

❶ここをクリック

❷[クイック ノート]をクリック

次のページに続く

5 とったメモを確認する

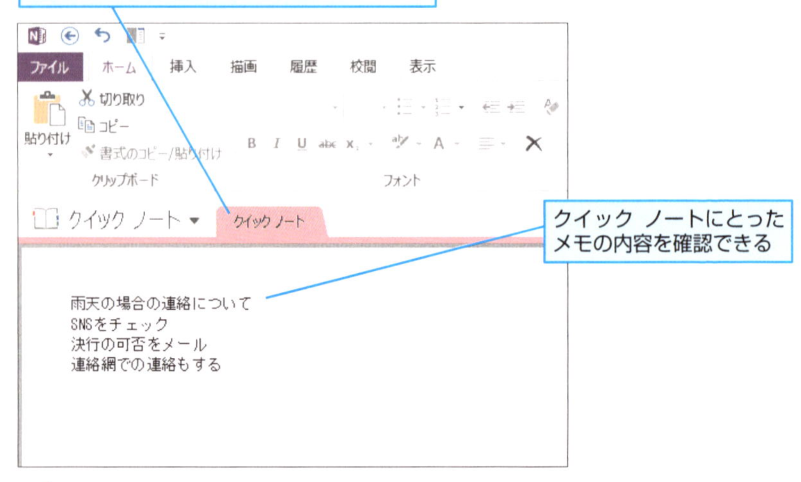

Hint!

OneNote 2016では［マイ ノートブック］のセクションになる

OneNote 2013でクイック ノートを作成すると［クイック ノート］ノートブックに保存されますが、OneNote 2016では［マイ ノートブック］の［クイック ノート］セクションに保存されます。

Point 気軽にメモをとってあとでゆっくり確認しよう

文字だけのメモをすばやく作成したい、あるいは画面に表示されている内容の一部を切り取って保存しておきたいといった場面で、クイック ノートは非常に便利です。急いでメモを作成したい場合は、この機能でひとまずメモを作成し、あとからOneNoteのデスクトップアプリで文字にスタイルを設定するといった編集作業を行うようにすれば、時間を有効活用できます。

Hint!

OneNoteをすばやく起動するには

OneNoteのデスクトップアプリは、通知領域のアイコンから起動することもできます。まず、通知領域の をクリックしてアイコンの一覧を表示し、OneNoteのアイコンを右クリックします。表示されたメニューで[OneNoteを開く] をクリックすると、OneNoteが起動します。また、 + Shift + N キーでもOneNoteを起動できます。

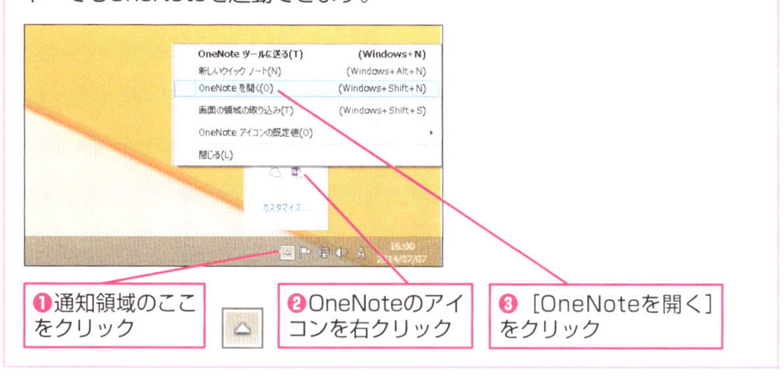

Hint!

クイック ノートに新しいページを追加するには

クイック ノートでメモを作成しているとき、新たにページを追加したくなった場合でも、OneNoteのデスクトップアプリを起動することなく、クイック ノートのままページを追加できます。クイック ノート用のページを追加するには、手順3を参考にクイック ノート用のリボンを表示し、［ページ］タブの［新しいページ］をクリックしましょう。なお、［前のページ］［次のページ］で、ページ間の移動も可能です。

手順3のコメントを参考に、クイック ノート用のリボンを表示しておく

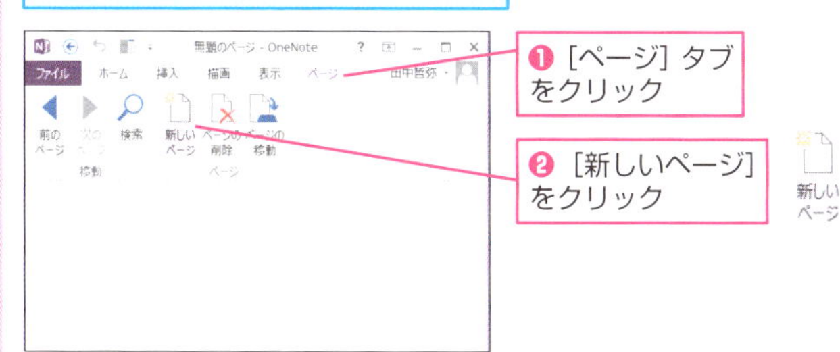

レッスン 12

メールでメモをとるには

メールの送信

OneNoteでは、事前に設定を行っておくことにより、メールを送信するだけでメモをとれる［メールの送信］サービスが用意されています。ここでは、その設定方法を解説します。

1 ［メールの送信］の設定を開始する

Webブラウザーを起動し、OneNoteのWebページを表示しておく

▶OneNoteのWebページ
https://www.onenote.com/

❶ページを下にスクロール

❷［メールを設定］をクリック

［OneNoteにメールを保存する］が表示された

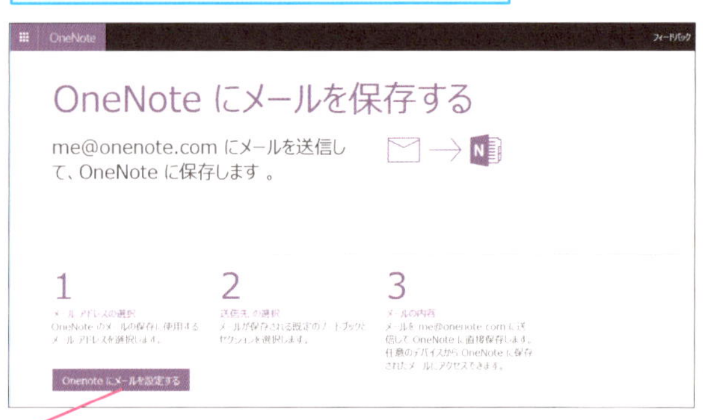

❸［OneNoteにメールを設定する］をクリック

❹［OneNote Onlineへようこそ］が表示されたら、［Microsoft アカウントでサインイン］をクリック

2 Microsoftアカウントでサインインする

Microsoftアカウントのサインイン画面が表示された

❶Microsoftアカウントとパスワードを入力

❷［サインイン］をクリック

3 送信元となるメールアドレスを設定する

再度［OneNoteにメールを保存する］が表示された

❶Microsoftアカウントのメールアドレスにチェックマークが付いていることを確認

OneNote にメールを保存する

アドレス

tetsuya-tanaka@outlook.jp

場所の選択

既定の場所

保存　OneNote Online への移動

❷［保存］をクリック

このメールアドレスから「me@onenote.com」宛てに送信したメールの内容がOneNoteに保存される

Point メールを送信できる環境があればいつでもメモをとれる

［メールの送信］を使えば、OneNoteが利用できない場合でもメモを作成できます。そのほかにも、重要なメールをOneNoteに転送してメモとして記録するなどの使い方が考えられます。このレッスンのように事前設定を行って、活用しましょう。

この章のまとめ

目的に合わせて効率よくメモをとろう

メモを作成する目的は、たとえば今週作業すべき内容をタスクとしてまとめておく、取引先から送られてきたドキュメントで気になったところを記録する、あるいは外出先で思いついたアイデアを忘れないように残しておく、などさまざまでしょう。OneNoteでは、このようにメモを記録する目的に合わせて利用することができる、多彩な機能を提供しています。作業すべき内容のタスク化にはノート シールが便利ですし、WordやPowerPointで作成したドキュメントに関連したメモを作成する場合には、リンク ノートの機能を活用できます。外出先でのメモならば、メールを送信することでメモを作成できる［メールの送信］サービスが活用できるでしょう。このようにメモを作成する目的に合わせて、OneNoteで用意されている数々の機能を使い分けましょう。

ページの使い方の基本を覚える

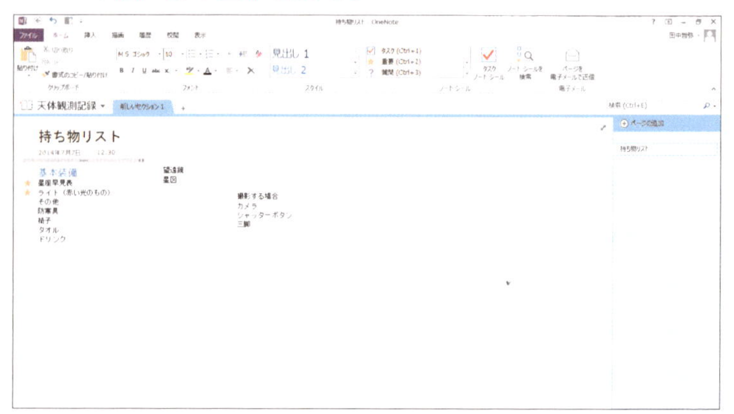

ページに入力したメモはあとから自由に編集できる。重要なメモはノート シールを付けたり、スタイルを適用したりして目立たせる。また、ノート コンテナーを結合・分割してメモの内容を整理する。

第3章

ページに図表やファイルを挿入する

OneNoteでは、写真やイラスト、図表などを挿入したり、別のアプリケーションで作成したファイルを添付したりできます。本章では、文字以外の情報を記録する方法について解説していきます。

レッスン 13

ページに写真を挿入するには

画像の挿入

デジタルカメラで撮影した写真や図解したイラストなど、パソコンに保存されているさまざまな形式の画像を、ページに挿入して記録してみましょう。

1 [図の挿入] ダイアログボックスを表示する

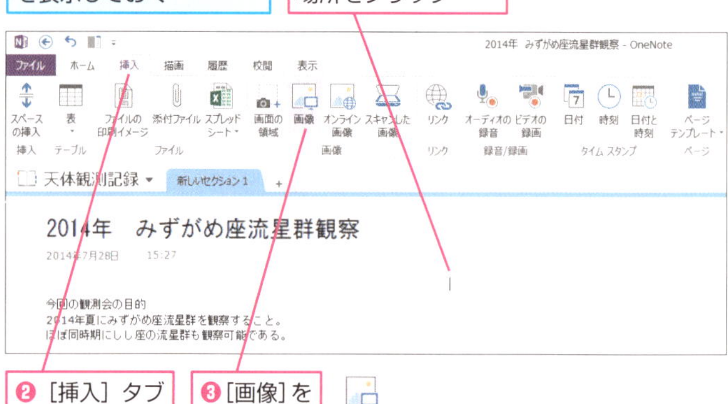

Hint!

インターネットから画像を挿入するには

検索エンジンのBing（https://www.bing.com/）で検索した画像や、OneDriveにアップロードした写真などをOneNoteで利用することもできます。これらをページに取り込むには、［挿入］タブで［オンライン画像］をクリックし、Bingで画像を検索、あるいはOneDriveの画像を指定します。ただし、Bingで検索した画像には他人や企業に著作権があるものも含まれているため、使用が許可されているかを確認する必要があります。

2 挿入したい写真を選択する

[図の挿入]ダイアログボックスが表示された

3 写真の大きさを変更する

写真が挿入された

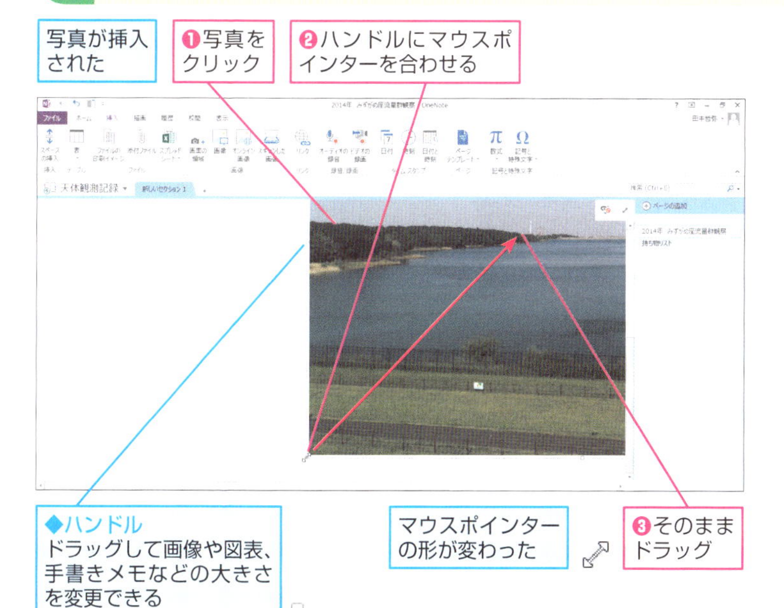

◆ハンドル
ドラッグして画像や図表、手書きメモなどの大きさを変更できる

次のページに続く

4 写真を移動する

写真が小さくなった

❶写真にマウスポインターを合わせる

マウスポインターの形が変わった

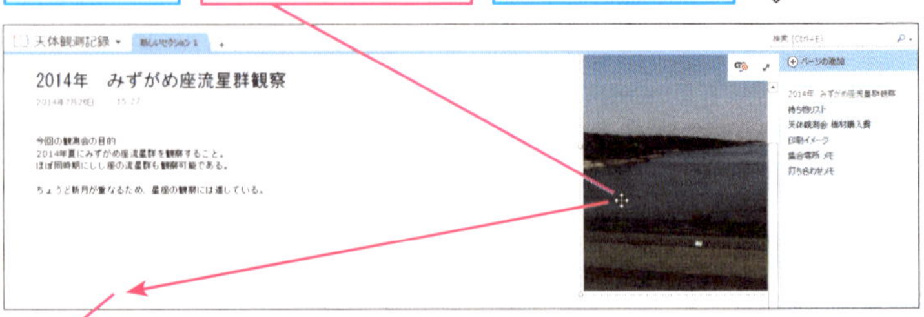

❷そのままドラッグ

写真が移動した

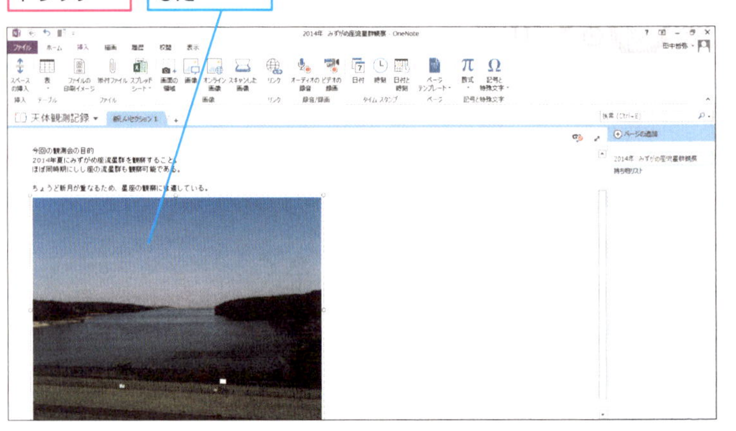

Point 写真などをまとめてスクラップしよう

写真を取り込んでページに挿入できるOneNoteを利用すれば、実際のアルバムのようにデジタルカメラやスマートフォンなどで撮影した写真を整理できます。たとえば、旅行に行ったときの写真を、観光した場所ごとに作成したページに記録する、といった使い方があります。

Hint!

写真やノート コンテナーの重なり順を変更するには

写真やノート コンテナー、図形を同じ場所に配置した場合は、重なり順を変更できます。対象を右クリックし、［順序］にマウスポインターを合わせて［前面へ移動］［最前面へ移動］［背面へ移動］［最背面へ移動］のいずれかを選択しましょう。手書き（レッスン19を参照）で描いたイラストを、先に入力してあった文字の下に重ねて表示する、といったことも可能です。

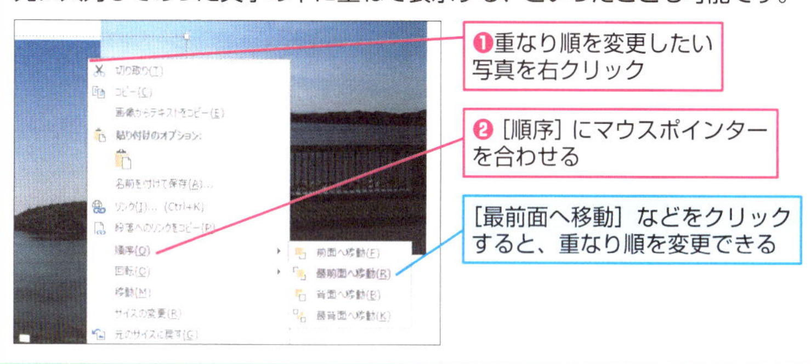

Hint!

写真の中にある文字をコピーするには

OneNoteには、写真やイラストなどの画像内にある文字をコピーできる機能があります。コピーするには、以下の手順で操作します。コピーした文字は［ホーム］タブの［貼り付け］や、右クリックして表示されるメニューにある［貼り付けのオプション］のボタンをクリックして貼り付けられます。ただし、画像によっては文字を正しく認識できない場合があります。

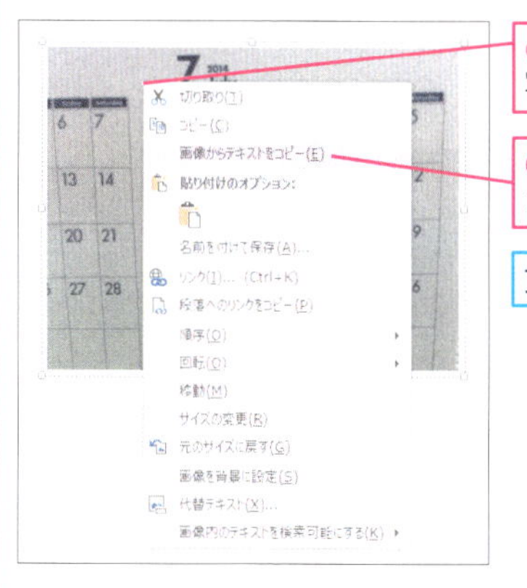

レッスン 14

ページに動画を挿入するには

オンライン動画の挿入

OneNote 2016では、ページに動画を挿入することが可能になっています。動画共有サイトなどで見つけた動画を保存しておきたい場面で便利でしょう。

1 [オンライン ビデオの挿入]を表示する

動画を挿入したいページを表示しておく

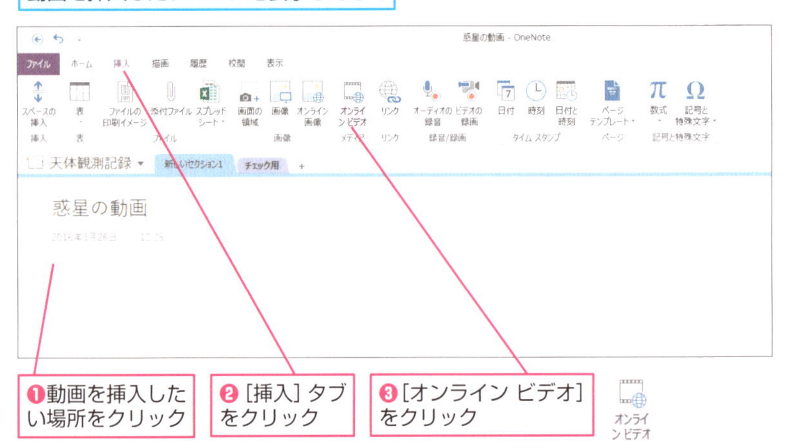

2 挿入したい動画のURLを指定する

[オンライン ビデオの挿入]ダイアログボックスが表示された

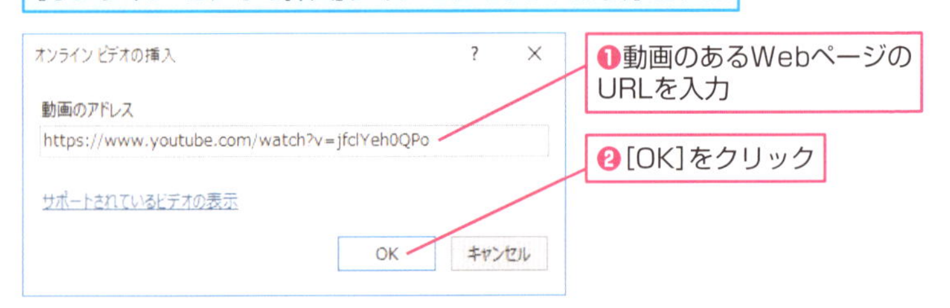

3 挿入された動画を確認する

動画が挿入された

写真と同様に、大きさを変更したり移動したりできる

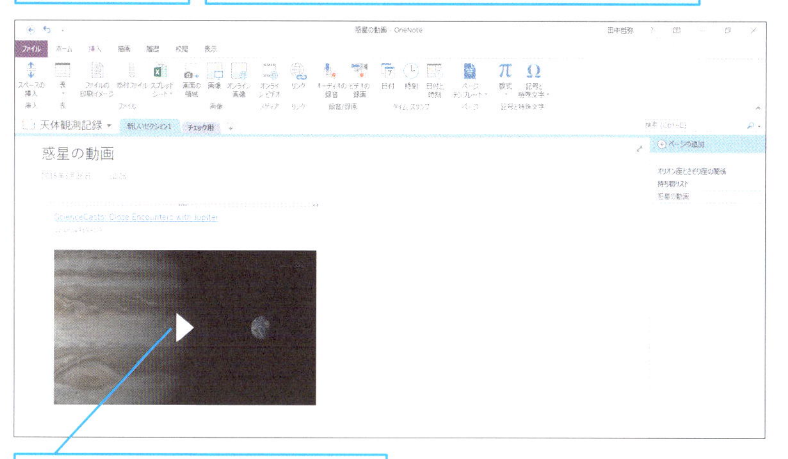

ここをクリックすると動画が再生される

Hint!

対応している動画共有サービス

OneNote 2016では、Office Mix(https://mix.office.com/ja-jp/Home)とVimeo（https://vimeo.com/)、そしてYouTube（https://www.youtube.com/）の動画をページに挿入できます。手順2のように動画の指定はURLで行うため、事前にWebブラウザーで挿入したい動画のあるページを表示し、URLをコピーしておくといいでしょう。

Point お気に入りの動画を記録しよう

Webサイトで興味のある動画を見つけた際、OneNoteに記録しておけば、必要なときにすばやく再生できて便利です。また、自分で撮影した動画をYouTubeにアップロードし、それをOneNoteに貼り付けて利用するといった使い方も考えられます。

レッスン 15

ページに表を挿入するには

表の作成

売り上げや住所録など、定型データをまとめるのに便利なのが表形式です。OneNoteには、手軽に使える作表機能が用意されています。Excelとの連携も可能です。

このレッスンは動画で見られます　操作を動画でチェック！▶▶▶

※詳しくは6ページへ

表の作成

1 表を挿入する

表を挿入したいページを表示しておく

5行×4列の表を挿入する

❶表を挿入したい場所をクリック

❷[挿入]タブをクリック

❸[表]をクリック

❹縦に5マス、横に4マスの位置をクリック

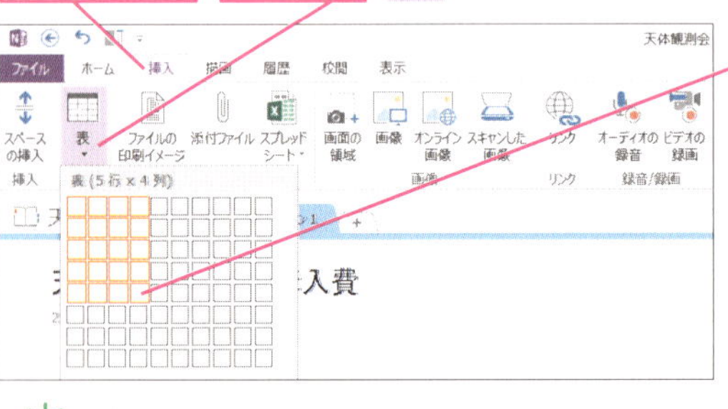

Hint!

簡単に表を作るには

ノート コンテナーで文字を入力しているときに Tab キーを押すと、自動的に1行×2列の表が作成され、Tab キーを押す前まで入力した文字が最初のセルに挿入されます。さらに Tab キーを押すと列が増え、最後の列で Enter キーを押すと行が増えていきます。

Hint! 表のレイアウトを整えるには

表の編集中は、リボンに［表ツール］の［レイアウト］タブが表示されます。このタブでは、表全体を選択したり、一部の列をまとめて削除したりできます。行や列を挿入するためのボタンも用意されているので、入力中に列や行を追加する必要が生じた場合でも、表を作り直す必要はありません。

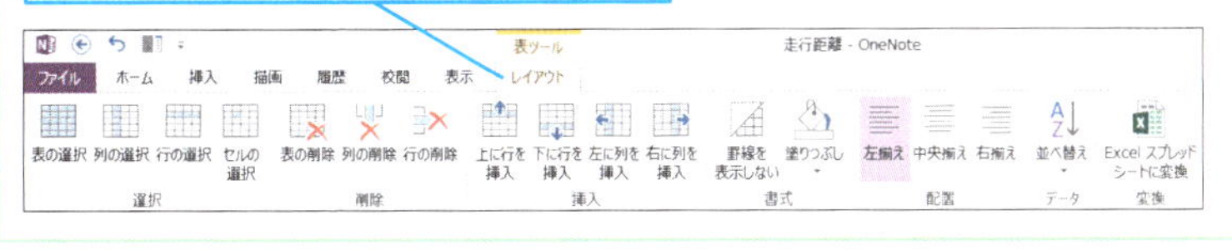

2 セルに文字を入力する

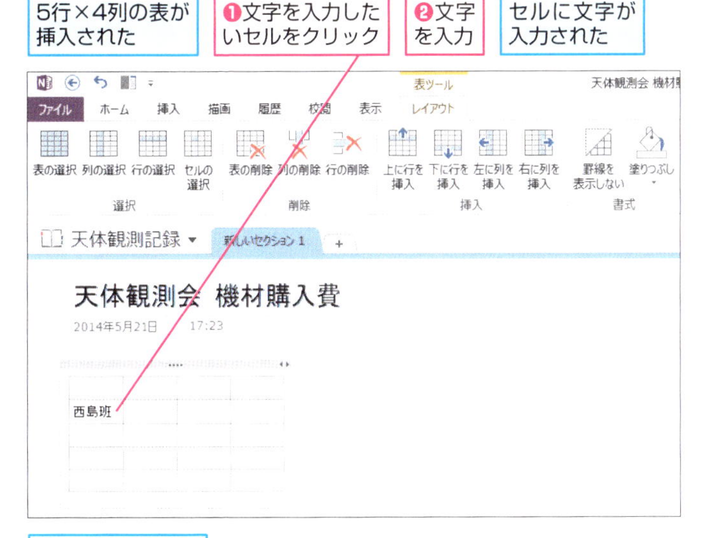

Tab キーを押すと右の列に移動する

次のページに続く

表の変換

3 表をExcelのシートに変換する

完成した表をExcelで編集する

❶[表ツール]の[レイアウト]タブをクリック

❷[Excelスプレッドシートに変換]をクリック

表がExcelのシートに変換された

❸[編集]をクリック

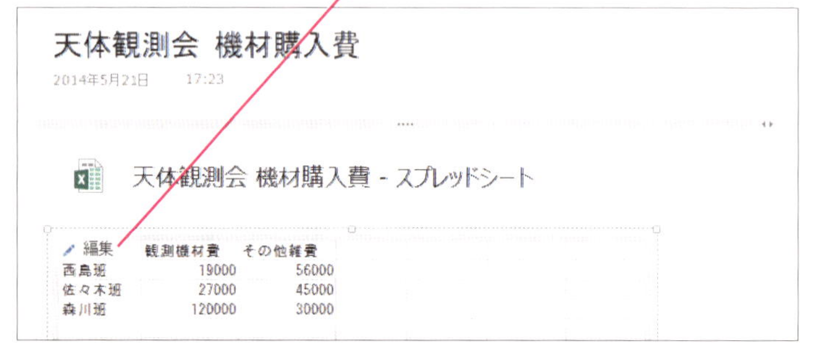

Hint!

表の変換にはExcel 2013/2016が必要

[Excelスプレッドシートに変換] を利用するには、OneNoteを操作しているパソコンにExcelがインストールされている必要があります。Excelがインストールされていない場合は、[Excelスプレッドシートに変換] が利用できないことを示すグレー表示になっています。

4 表をExcelで編集する

Excelが起動し、シートを編集できる状態になった

❶表の内容を編集

❷[閉じる]をクリック

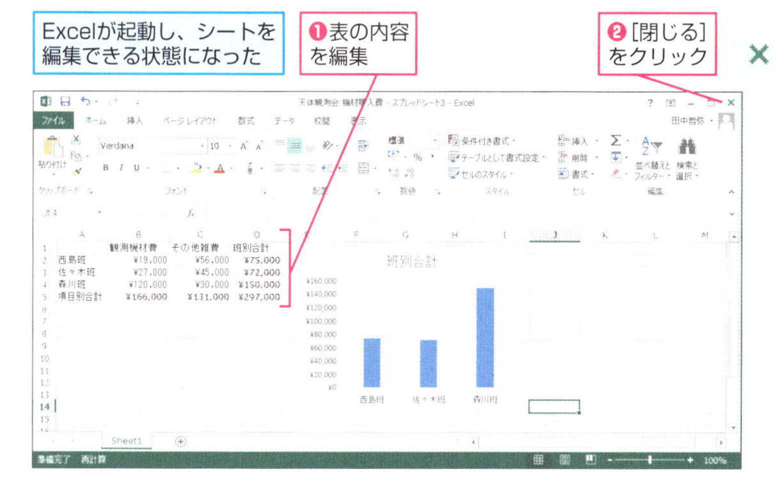

['スプレッドシート○○.xlsx'の変更内容を保存しますか?]が表示される

❸[保存]をクリック

OneNoteの画面に戻った

Excelで編集した内容が反映された

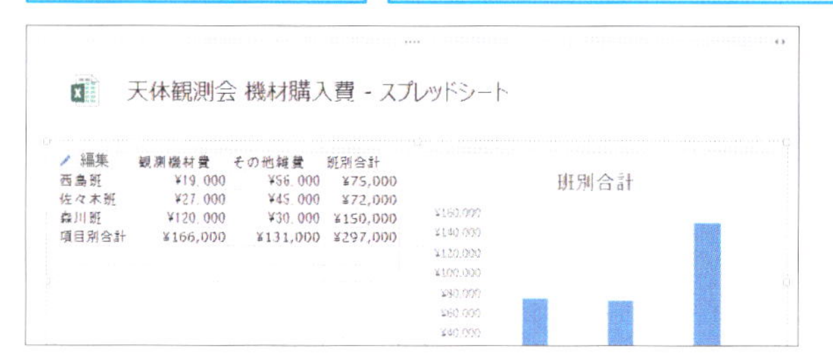

Point Excelと連携した詳細な表計算もできる

単純に表形式で情報をまとめるだけでなく、表中に入力した数値を使って計算したいケースもあるでしょう。そのようなときは[Excelスプレッドシートに変換]を使い、Excelに用意されている豊富な計算機能を活用すると便利です。

レッスン 16

ほかのアプリケーションのファイルを挿入するには

添付ファイル

OneNoteには、ファイルをそのままページ内に挿入する機能が用意されています。特定の仕事に関連する資料をひとまとめにして管理したい場面などで活用できます。

1 添付したいファイルを選択する

PowerPointのファイルをページに添付する

❶ファイルを添付したい場所をクリック

❷［挿入］タブをクリック

❸［添付ファイル］をクリック

添付ファイル

［挿入するファイルの選択］ダイアログボックスが表示された

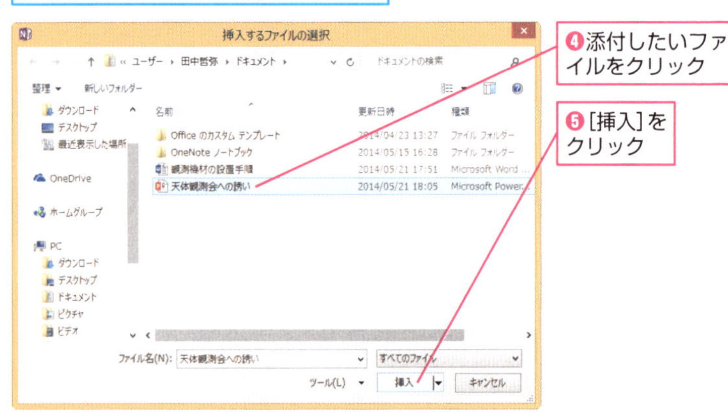

Hint!

OneNoteからパソコンに保存することもできる

ページに添付されているファイルは、OneNoteを起動しているパソコンのいずれかの場所に保存することもできます。ページ上のファイルを右クリックして［名前を付けて保存］をクリックし、表示されたダイアログボックスでファイルの保存場所を選択して［保存］をクリックします。

Hint!

ドラッグ＆ドロップでもファイルを添付できる

ページにファイルを添付する際、ドラッグ＆ドロップでもファイルを添付できます。デスクトップやエクスプローラーで添付したいファイルを表示しておき、アイコンをOneNoteのページ上までドラッグすると、手順2の［ファイルの挿入］ダイアログボックス画面が表示されるので、［ファイルの添付］をクリックします。

2 ファイルを添付する

［ファイルの挿入］ダイアログボックスが表示された

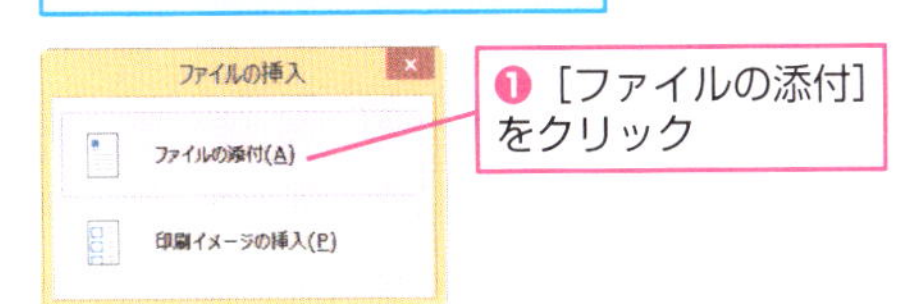

❶［ファイルの添付］をクリック

ファイルが添付され、ページに表示された

❷ファイルをダブルクリック

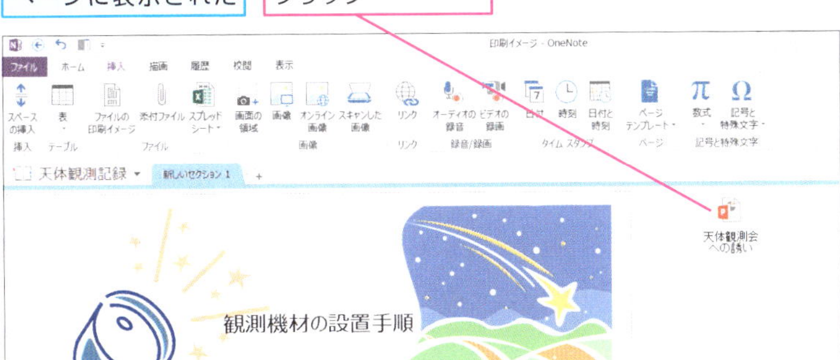

次のページに続く

16 添付ファイル

3 添付したファイルを確認する

[警告]が表示された

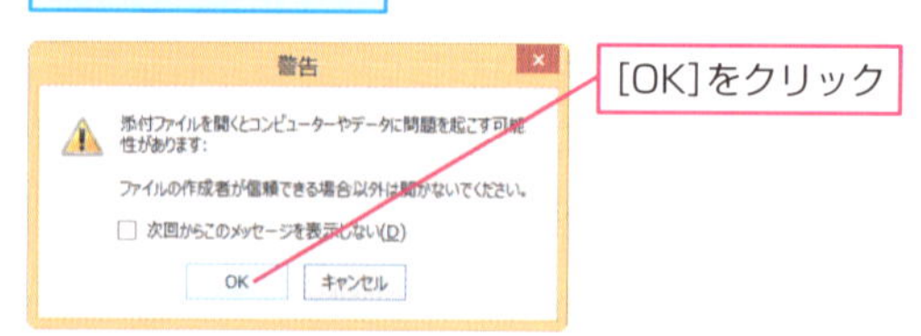

PowerPointが起動し、ファイルが表示された

PowerPointで編集して保存すると、添付したファイルに変更内容が反映される

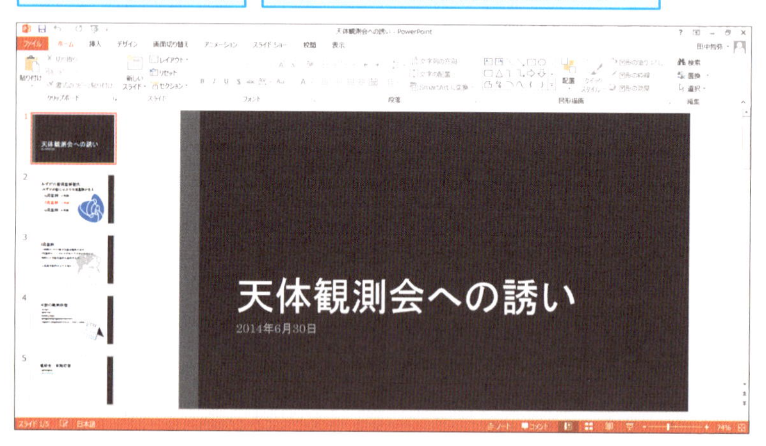

Point あらゆるファイルをOneNoteで管理できる

ページに添付できるファイルに、数や容量の制限はありません。このため、パソコンで管理しているあらゆるファイルをOneNoteに添付できます。OneNoteであればメモと一緒にファイルを管理できるため、そのファイルがどういった内容のものなのかをメモした上で、メモとファイルを一緒に管理することが可能です。

Hint!

添付したファイルは元のファイルとは別のファイルとなる

OneNoteに添付したファイルは、ノートブック内の特殊な領域に保存されます。OneNoteに添付したあとに元のファイルを編集して上書き保存しても、OneNoteのファイルには内容が反映されません。同様に、OneNoteに添付したファイルを編集して上書き保存しても、内容が反映されるのは添付しているファイルだけです。元のファイルとOneNoteに添付したファイルは別のものとなり、いずれか一方を変更しても、もう一方には変更が反映されない点には注意しましょう。

Excelのファイルからシートやグラフを挿入できる

Excelのファイルについては、ファイル内の複数のシートのいずれか1つを選択して取り込めるほか、以下の手順で、それぞれのシート上にある特定のグラフを選択して取り込むこともできます。必要なグラフだけをメモに取り込みたい場面で便利です。

手順1を参考に、シート上にグラフがあるExcelのファイルを選択する

［ファイルの挿入］ダイアログボックスが表示された

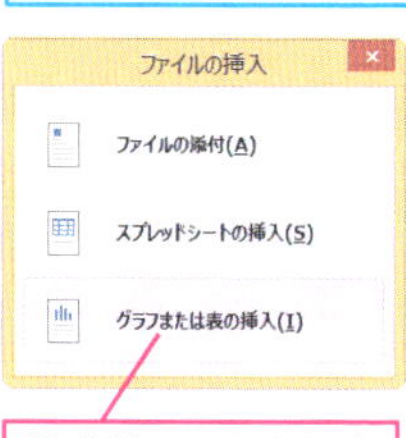

❶［グラフまたは表の挿入］をクリック

❷挿入したいグラフにチェックマークを付ける

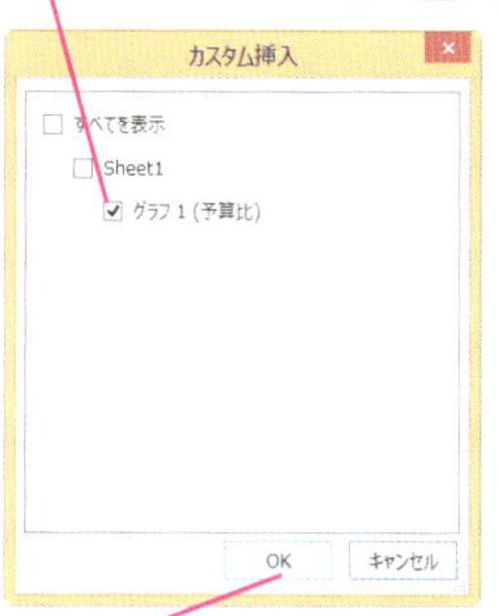

❸［OK］をクリック

グラフが挿入される

レッスン 17

ファイルの印刷イメージを挿入するには

印刷イメージ

ほかのアプリケーションで作成したファイルの印刷イメージを、OneNoteにそのまま取り込むことができます。印刷時の見た目を生かして記録したい場面で役立ちます。

1 文書の印刷イメージを挿入する

Wordの文書の印刷イメージを挿入する

OneNoteに挿入したいファイルをWordで開いておく

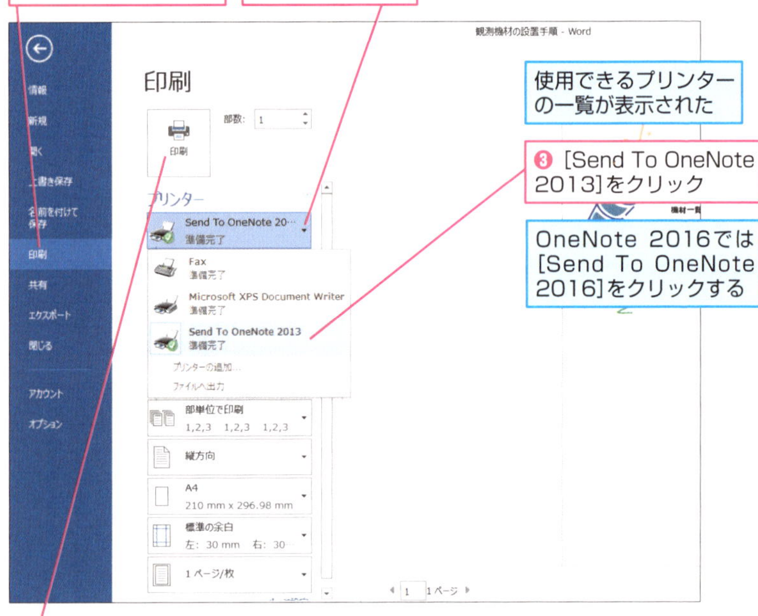

2 印刷イメージを挿入する場所を選択する

[OneNoteの場所の選択] ダイアログボックスが表示された

[新しいセクション] の新しいページに挿入する

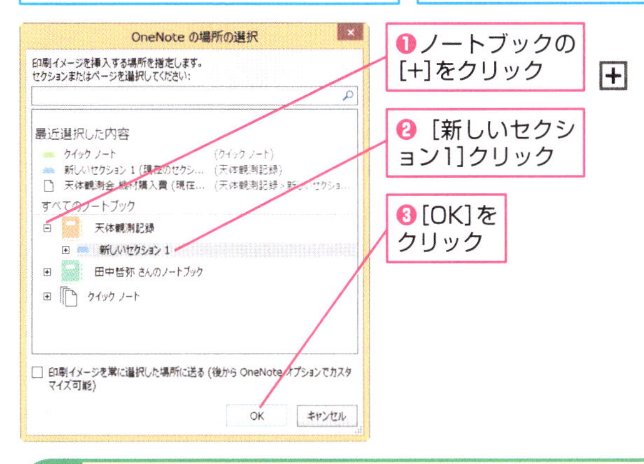

❶ノートブックの[+]をクリック

❷ [新しいセクション1]クリック

❸[OK]をクリック

3 文書の挿入が完了した

OneNoteにWordの文書の印刷イメージが挿入された

Point 印刷機能があるアプリケーションで使える

印刷イメージの挿入は、WordをはじめとするOfficeアプリケーションのほか、Internet ExplorerやMicrosoft EdgeなどのWebブラウザー、画像を編集するフォトレタッチソフトなど、印刷機能を持つほとんどのアプリケーションで利用可能です。作成した資料をOneNoteに取り込みたいときに活用しましょう。

レッスン **18**

ページに画面の一部分を挿入するには

画面の領域

OneNoteでは、Windowsの画面の表示内容を画像としてメモに貼り付けられます。ほかのアプリケーションの画面をそのまま残したいときに便利です。

1 取り込みたい画面を表示する

OneNoteを起動しておく

Bing地図の画面をページに挿入する

Webブラウザーを起動し、Bing地図で取り込みたい画面を表示しておく

▼Bing地図のWebページ

http://www.bing.com/maps/

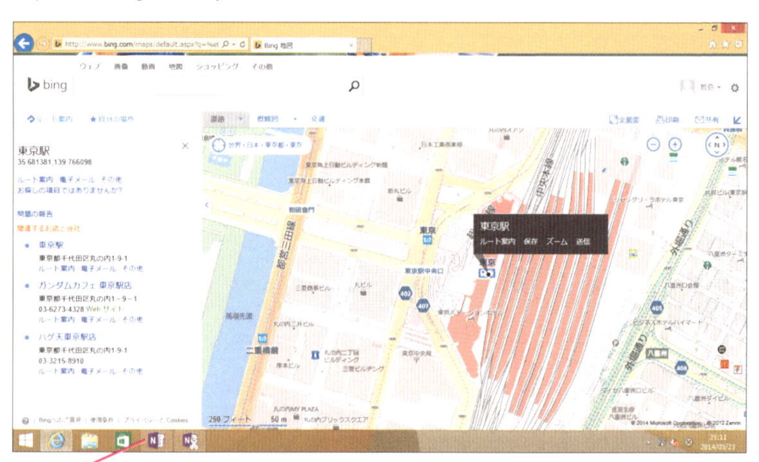

OneNoteのアイコンをクリック

取り込んだ画面の中の文字も検索対象になる

OneNoteには強力な検索機能が用意されており、テキストで入力したメモだけでなく、画像内の文字を認識して検索することが可能です。ここで解説した画面の取り込み機能を使うと、取り込んだ画面は画像としてページ内に貼り付けられますが、その画面内の文字も検索できます。同様に、レッスン13で解説した［画像］から貼り付けた写真の中にある文字も検索可能です。検索の手順については、レッスン28で解説します。

18 画面の領域

2 画面の取り込みを開始する

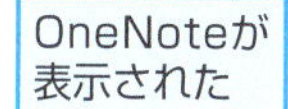

❶画像を挿入したい場所をクリック

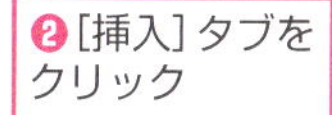

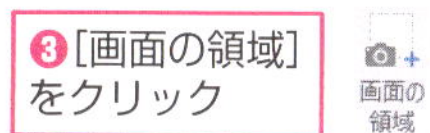

画面の領域

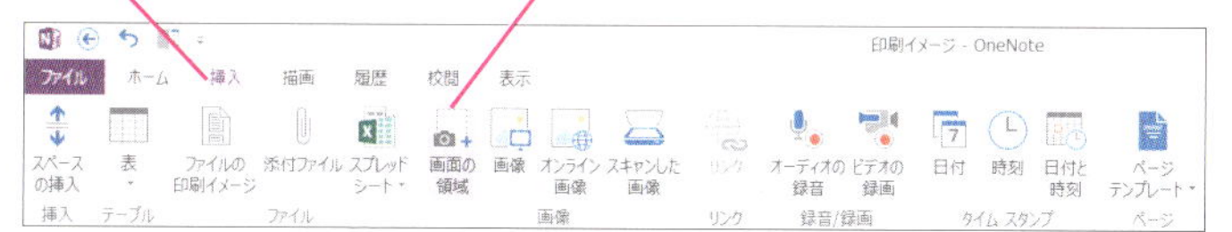

3 取り込みたい範囲を選択する

OneNoteが最小化され、画面が半透明になった

画面上の取り込みたい範囲をドラッグ

取り込みを中止したいときは右クリックする

次のページに続く

4 取り込んだ画面が挿入された

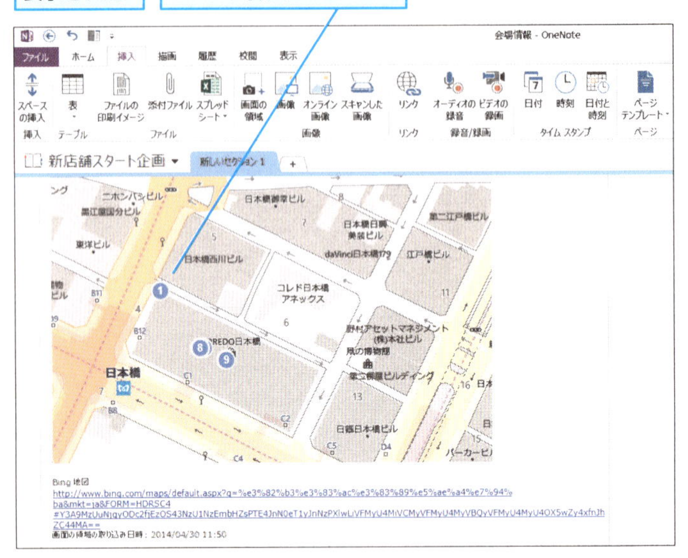

Point Webページを取り込む機能と使い分けよう

［画面の領域］は画面の一部分を選択して取り込めるので、地図や時刻表など、必要な部分だけを保存したい場合に使いましょう。また、Webページだけでなく、画面に表示されている状態のものなら何でも取り込めます。一方、WebページをOneNoteに取り込むには、「Clipper」（レッスン20を参照）や「Webノート」（レッスン21を参照）を使う方法もあります。ClipperはWebページをまるごと取り込む機能、Webノートは手書きのメモを加えて保存できる機能です。それぞれを上手に使い分けましょう。

Hint!

すばやく画面を取り込むには

［画面の領域］の機能は、レッスン11で解説したクイック ノートにも用意されているため、OneNoteが起動していない状態から利用することも可能です。通知領域にあるOneNoteのアイコンを右クリックし、メニューから［画面の領域の取り込み］をクリックします。パソコンの画面全体が半透明になったら、手順3と同じように取り込みたい範囲をドラッグで選択しましょう。すると、［OneNoteの場所の選択］ダイアログボックスが表示されるので、画面を保存したいセクション、あるいはページを選択します。

❶通知領域にあるOneNoteのアイコンを右クリック

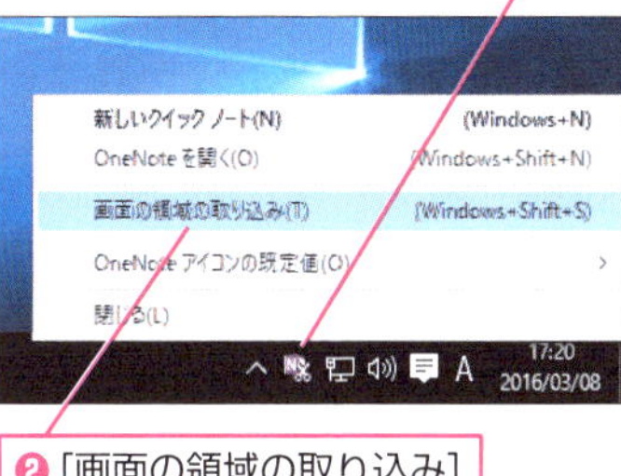

❷［画面の領域の取り込み］をクリック

［OneNoteの場所の選択］ダイアログボックスが表示された

❸画像を挿入したいページをクリック

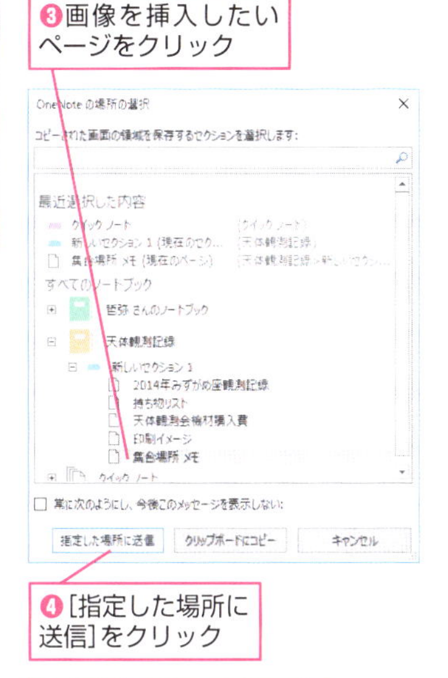

❹［指定した場所に送信］をクリック

画面の領域が取り込まれ、ページに挿入される

18 画面の領域

レッスン 19

手書きでメモをとるには

ペン

手書き入力は、特定の部分を強調したり、図解や簡単なグラフを書き込んだりしたいときに重宝します。マウスでも使えますが、タッチ操作対応のタブレットで活躍します。

手書きでの入力

1 ペンを選択する

手書きでメモをとりたいページを表示しておく

0.5mmの赤ペンでメモをとる

❶［描画］タブをクリック

❷［赤ペン（0.5mm）］をクリック

［その他］をクリックすると、ペンの一覧が表示される

集合場所 メモ - OneNote

ファイル　ホーム　挿入　描画　履歴　校閲　表示

入力　なげなわ選択　手のひらツール　消しゴム　色と太さ　スペースの挿入　削除　配置　回転

ツール　図形　編集

天体観測記録　新しいセクション 1

集合場所 メモ

Hint!

ペンの色と太さを変更するには

手書き入力では、通常のペンと蛍光ペンの2種類が用意されており、色や太さの異なるペンが選べます。また、手順1の画面で［色と太さ］をクリックすると、最初から用意されていない太さや色の組み合わせも選択して利用できます。

手書きのメモを選択するには

手書きのメモや図形は、ノート コンテナーや画像などと同様に、移動したり大きさを調整したりできます。［描画］タブの［なげなわ選択］をクリックし、移動やサイズの調整をしたい対象の周囲をドラッグして囲みます。対象が選択された状態になったら、ドラッグして移動したり、ハンドルをドラッグして大きさを調整したりしましょう。

❶［なげなわ選択］をクリック

❷選択したい部分を囲むようにドラッグ

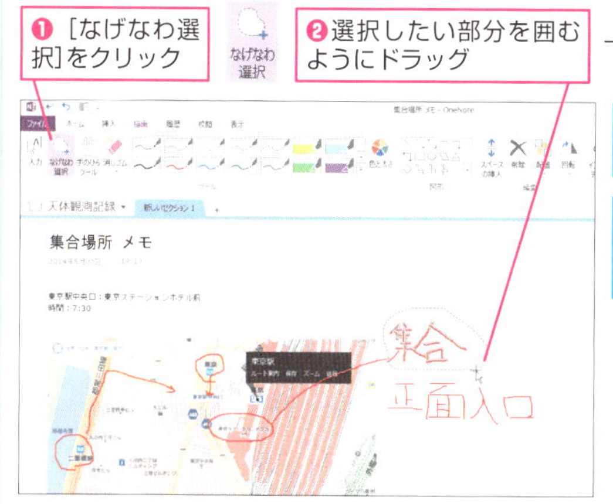

メモや図形が選択される

ハンドルをドラッグすると大きさを変更できる

2 手書きでメモをとる

手書き入力モードになった

マウスポインターの形が変わった

マウスの左ボタンを押しながら、マウスポインターを動かして文字を書く

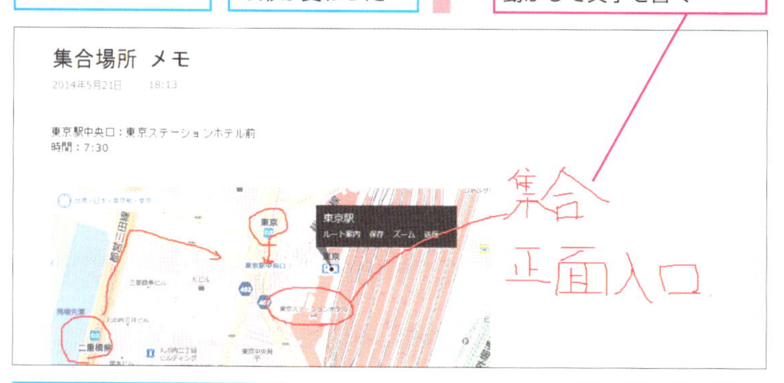

手書きのメモが入力された

次のページに続く

3 手書きのメモを削除する

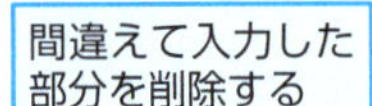

❶[消しゴム]をクリック

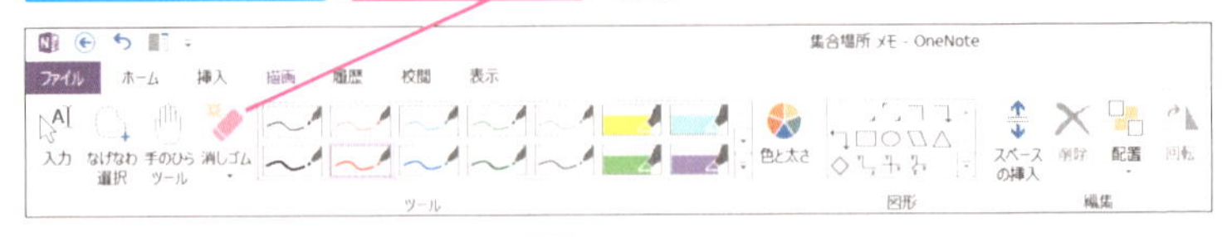

❷マウスの左ボタンを押しながら、消したい部分を囲むようにマウスポインターを動かす

1回の操作で書いた部分が削除される

Hint!

ページに図形を描くには

矢印や長方形などの図形を描きたいときは、[描画]タブの[図形]で描きたい図形を選択します。マウスポインターの形が十字になるので、この状態でドラッグすると、選択した図形をページに描画できます。なお、ペンと同様の方法で、線の太さや色を指定できます。

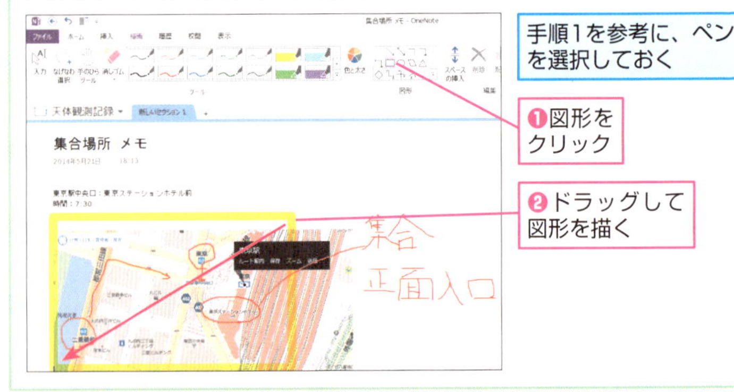

4 手書きでの入力を終了する

テキスト入力モードに戻す

[入力] をクリック

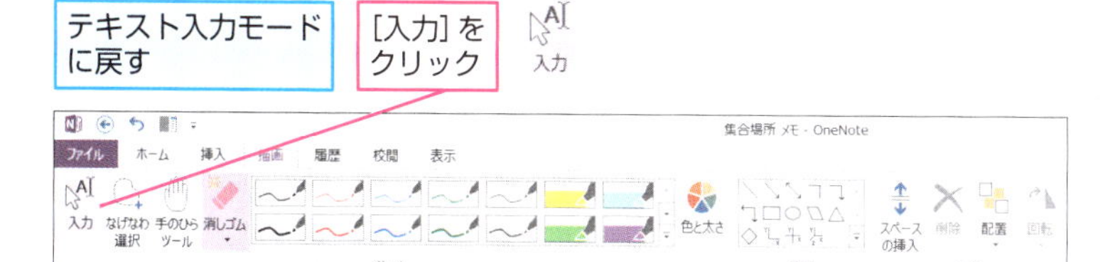

手書き入力モードが終了する

Hint!

手書きのメモをテキストに変換するには

OneNoteには、手書きで入力した内容をテキストに変換する機能も用意されています。この機能を利用するには、[描画] タブの [なげなわ選択] で手書き入力した文字を選択し、[描画] タブにある [インクからテキスト] をクリックします。すると、手書きで入力したメモが文字として認識され、テキストに変換されます。ただし、正しくテキストに変換できない場合もあるので注意しましょう。

変換したい手書きのメモを選択しておく

[インクからテキスト] をクリック

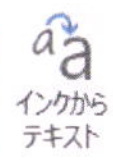

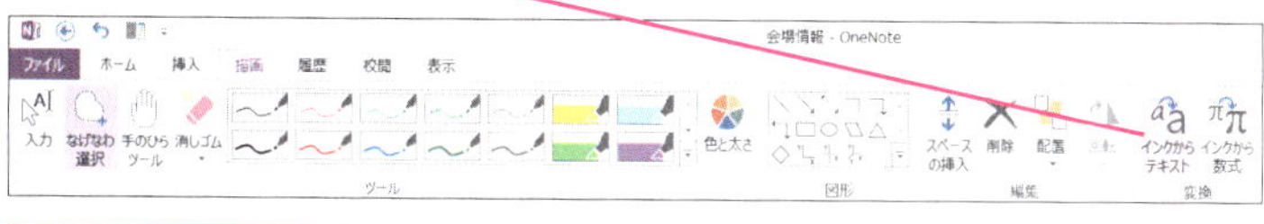

手書きしたメモがテキストに変換される

Point タッチ対応ディスプレイでは手書き入力を活用しよう

最近では、タッチ操作が可能なWindowsタブレットが数多く登場しています。これらのタブレットではマウスよりも手書き入力が自然に行えるため、OneNoteとの相性がいいと言えます。

レッスン 20

Webページの内容を保存するには

Clipper

OneNoteではWebページの内容をさまざまな方法で取り込めますが、その1つとして用意されているのが、Internet Explorer向けのブックマークレットである「Clipper」です。

Clipperの登録

1 ClipperのWebページを表示する

Internet ExplorerにClipperを追加する

OneNoteのWebページを表示しておく

▼OneNoteのWebページ
https://www.onenote.com/

❶ページを下にスクロール

❷[Clipperを取得]をクリック

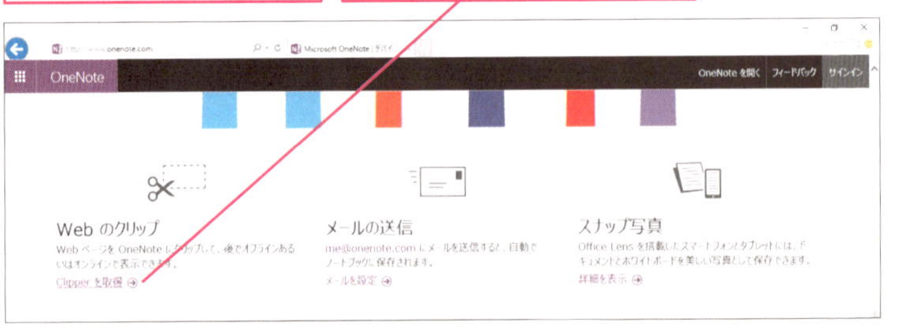

2 お気に入りバーを表示する

OneNote Clipperのページが表示された

❶タイトルバーを右クリック

❷[お気に入りバー]をクリック

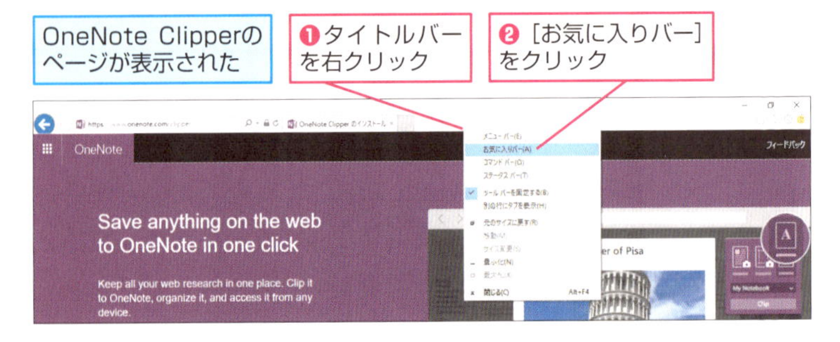

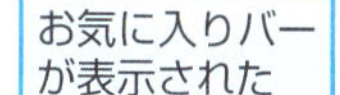

Clipperを登録する

お気に入りバーが表示された

❶[OneNote Clipperの取得]をクリック

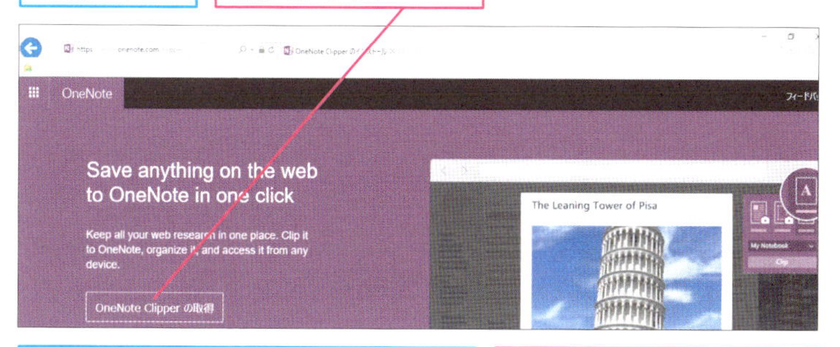

[Internet ExplorerでOneNote Clipperをセットアップする]が表示された

❷[OneNote Clipper]をお気に入りバーまでドラッグ

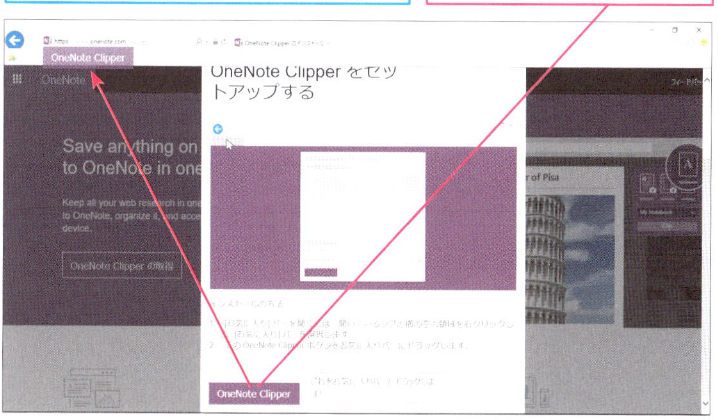

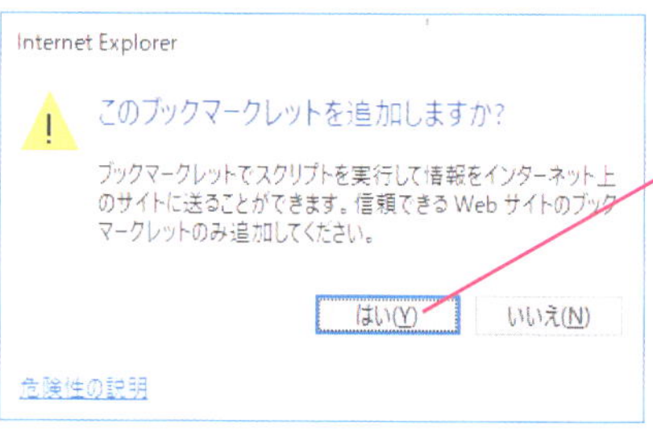

[このブックマークレットを追加しますか?]が表示された

❸[はい]をクリック

[OneNote Clipper] がお気に入りバーに登録される

次のページに続く

4 Webページのクリップを開始する

クリップしたいWebページを表示しておく

[OneNote Clipper] をクリック

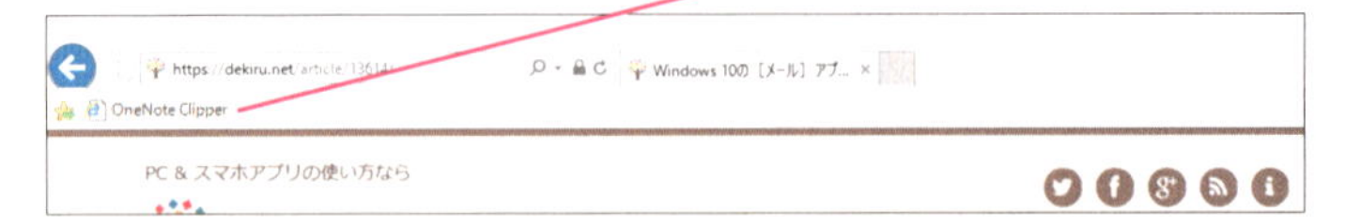

5 Webページを保存する場所を指定する

OneNote Clipperの画面が表示された

ページ全体を保存する

❶[ページ全体]をクリック

❷ここをクリック

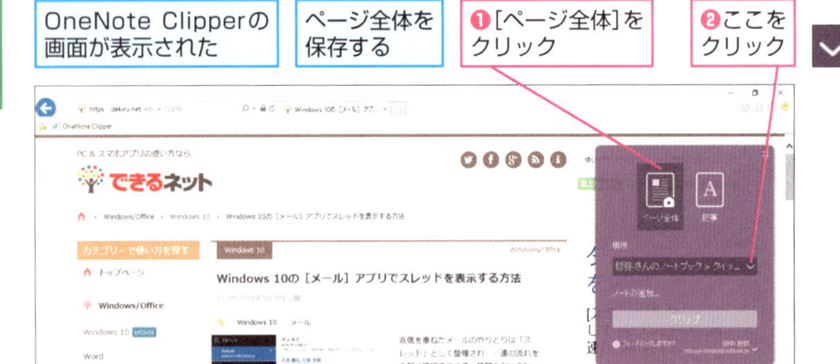

ノートブックの一覧が表示された

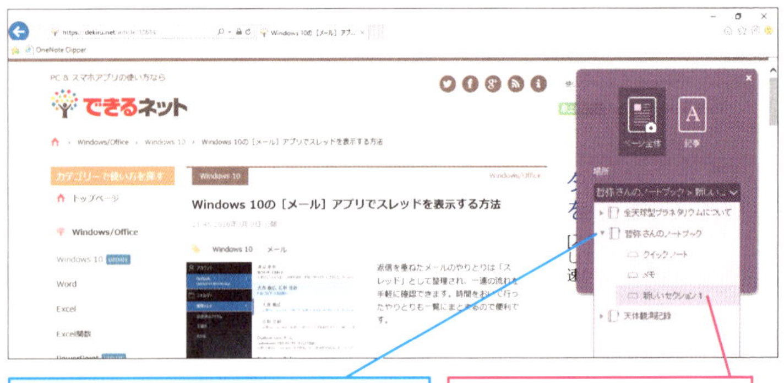

ノートブックの横にある[▸]をクリックすると、セクションを表示できる

❸保存したいノートブックのセクションをクリック

6 Webページのクリップを完了する

保存する場所を指定できた

[クリップ]をクリック

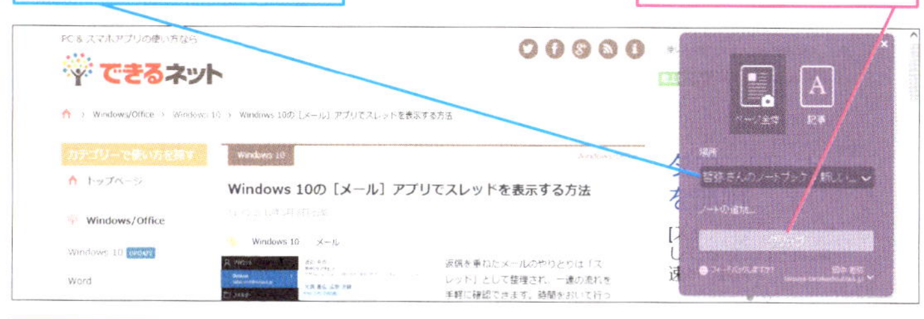

Webページ全体がクリップされる

Hint!

ノートブックを最新の状態に同期するには

Clipperで取り込んだWebページは、まず、OneDrive上に保存されます。そのため、WindowsデスクトップアプリのOneNoteで表示しているノートブックには、すぐに内容が反映されません。以下のように手動でノートブックを同期すれば、クリップしたWebページが表示されます。

❶ノートブックの名前を右クリック

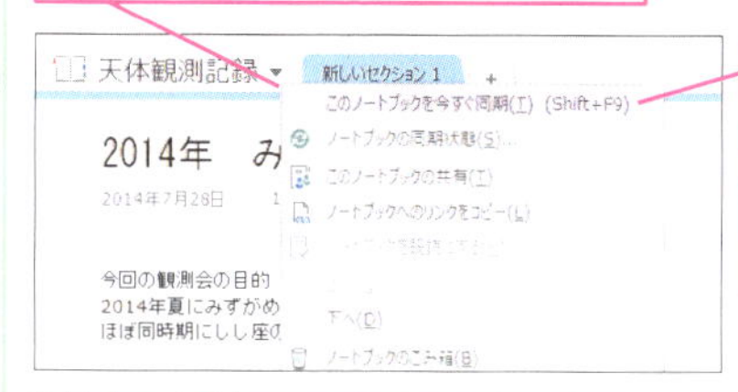

❷［このノートブックを今すぐ同期］をクリック

OneDriveと同期し、ノートブックが最新の状態になる

Point あとで参照しそうなWebページはしっかり保存しておこう

Webページの内容をOneNoteにメモとして記録しておけば、いつでもその内容を参照できて便利なほか、Webページが書き換えられて必要な情報が見られなくなるといった失敗もありません。気になった情報は、すぐにOneNoteに保存するようにしましょう。

レッスン 21

Webページに手書きでメモするには

Webノート

Windows 10に搭載されているWebブラウザー「Microsoft Edge」を利用すれば、Webページにメモを手書きしたり、コメントを記入したりしてOneNoteに保存できます。

このレッスンは動画で見られます 操作を動画でチェック！▸▸▸ ※詳しくは6ページへ

1 スタートメニューからEdgeを起動する

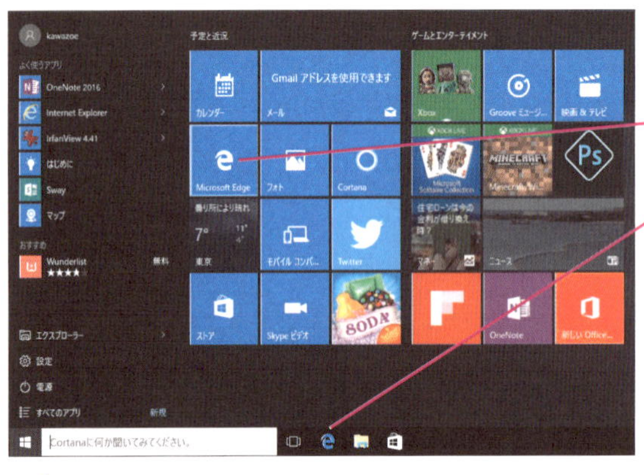

Hint!

Webノートは Windows 10のみで利用できる

Windows 8.1まではInternet Explorerが標準のWebブラウザーでしたが、Windows 10では、新たに開発されたMicrosoft Edgeが標準となりました。Internet Explorerに比べてセキュリティが強化されているほか、このレッスンで解説する「Webノート」などの機能が追加されています。なお、Windows 8.1にはMicrosoft Edgeをインストールできないため、Webノートも利用できません。Webページを保存する方法としては、前のレッスン20で解説したClipperを代わりに使いましょう。

2 Webノート画面に切り替える

Microsoft Edgeが起動した

メモしたいWebページを表示しておく

[Webノートの作成]をクリック

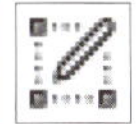

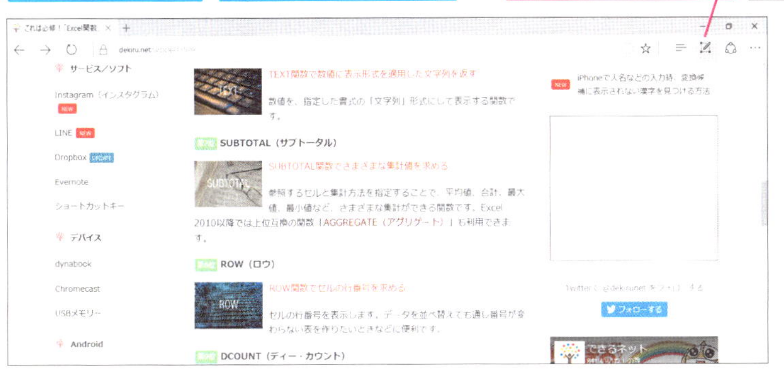

3 Webページに手書きでメモをとる

Webノート画面に切り替わった

❶[ペン]をクリック

❷マウスの左ボタンを押しながら、マウスポインターを動かして文字を書く

手書きのメモが入力された

❸[共有]をクリック

次のページに続く

4 保存先としてOneNoteを指定する

[共有]チャームが表示された

[OneNote]をクリック

Hint!
蛍光ペンでの手書きやテキストの入力もできる

Webノートでは［ペン］のほかにも、背景にある内容が透けて見える［蛍光ペン］や、間違えて書いた内容を消すことができる［消しゴム］、テキストでメモを入力できる［コメント］などが利用できます。コメントを追加するには以下の手順で操作します。

❶［コメントの追加］をクリック

❷コメントを入れたい場所をクリック

❸キーボードでテキストを入力

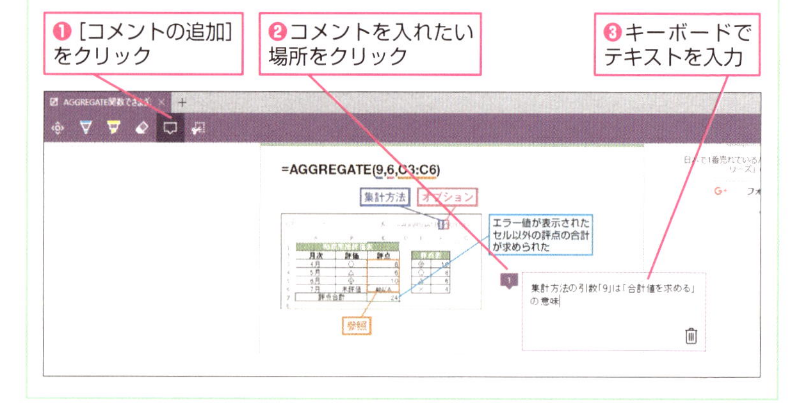

5 Webノートを保存する

OneNoteの保存先を指定する画面が表示された

ここをクリックするとノートブックやセクションを選択できる

［送信］をクリック

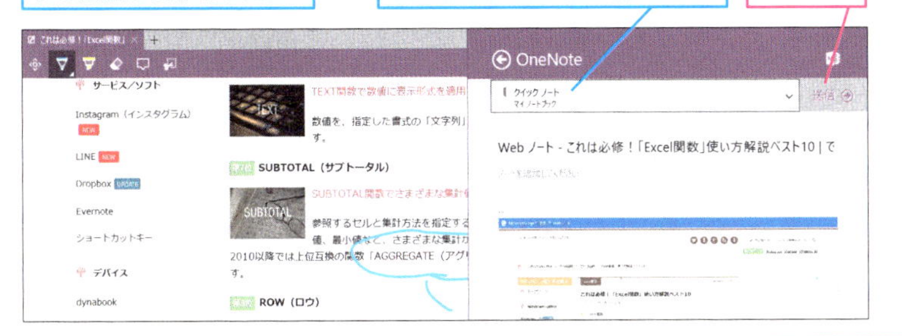

6 通常の画面に切り替える

WebノートがOneNoteに保存された

［終了］をクリック

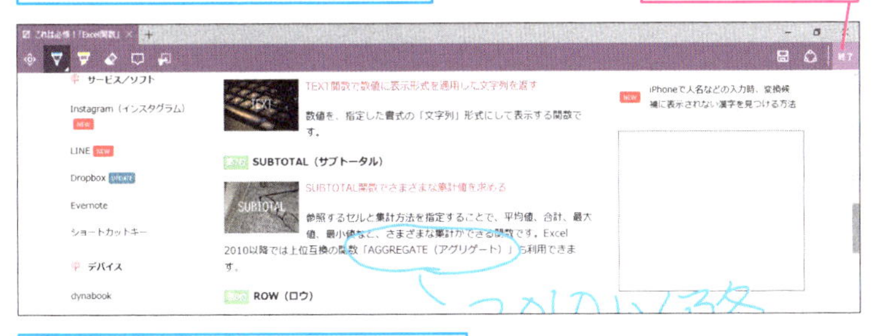

Webノートが終了し、通常の画面に戻る

Point メモを書き加えてWebページを保存できる

単にWebページを保存するだけでなく、気付いたことを書き加えてから保存したい場合に便利なのがMicrosoft EdgeとOneNoteの組み合わせです。手書きで自由にメモを書き込めるため、重要な部分を囲んだり、文字を書き加えたりできます。こうして作成した内容をOneNoteに保存しておけば、必要なときにいつでも参照できるので便利です。

レッスン 22

音声を録音しながらメモをとるには

オーディオの録音

OneNoteには、パソコンに接続されたマイクで音声を記録する機能が用意されています。会議や打ち合わせの議事録を作成するといった場面で便利です。

音声の録音

1 音声の録音を開始する

メモをとりたいページを表示しておく

❶録音した音声を挿入したい場所をクリック

❷[挿入]タブをクリック

❸[オーディオの録音]をクリック

Hint!

どんなマイクを使えばいいの？

ノートパソコンの多くにはマイクが内蔵されており、これを使えば特別な機器を接続することなく録音が可能です。ただし、パソコン内蔵のマイクでは、話者が離れた場所にいると明瞭に音声を記録できない場合があります。広い会議室での様子を録音したいときなどは、パソコンのマイク端子に接続できる外付けのマイクを用意しましょう。

2 録音しながらメモをとる

録音が開始された

[オーディオとビデオ] の [録音・録画中] タブが表示された

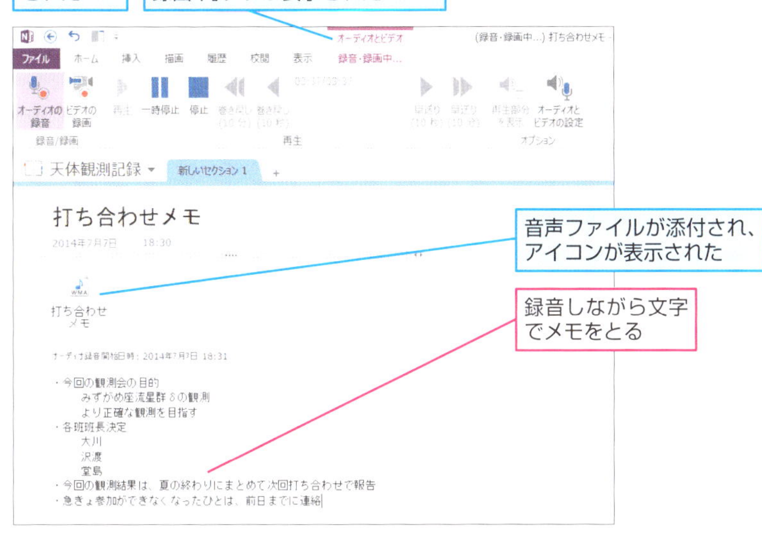

音声ファイルが添付され、アイコンが表示された

録音しながら文字でメモをとる

3 録音を終了する

[停止] をクリック

停止

録音が終了する

次のページに続く

音声の再生

4 録音した音声を再生する

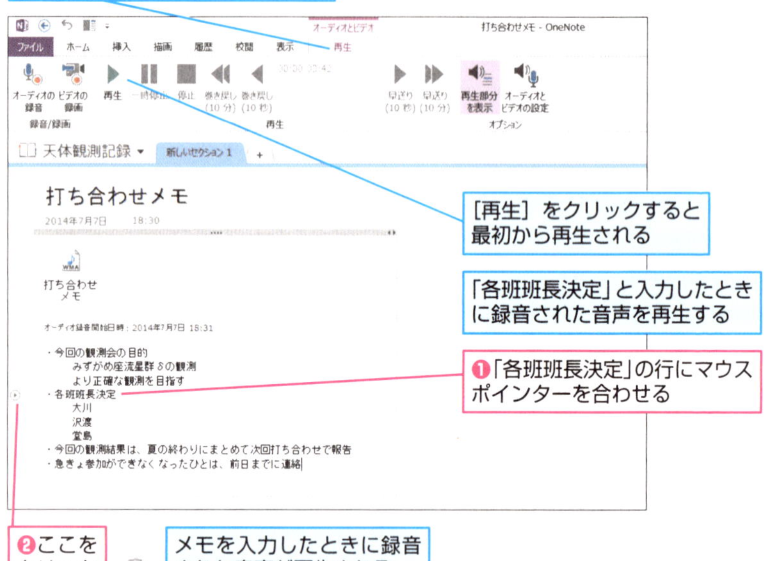

Point 文字と音声で相互にメモを補完できる

会議や打ち合わせ、セミナーの内容をメモとして記録したいとき、話している内容すべてをリアルタイムにキーボードで入力するのはなかなか難しいでしょう。しかし、OneNoteを利用すれば、メモをとりながら音声を録音できるほか、メモを入力した時点の音声をすばやく再生できます。文字と音声で相互に補完しながら、誰かが話している内容を逃さず記録することが可能です。

Hint!

音声に含まれる語句を検索することもできる

OneNoteでは、録音した音声の検索も可能です。聞き返したい音声がどのページに保存されているのか分からないとき、その音声に含まれる語句を検索ボックス（レッスン28を参照）から文字で検索できます。この機能を有効にするには、以下のように設定します。ただし、明瞭かつ高音質な録音が必要で、検索できるようになるまでに時間がかかります。

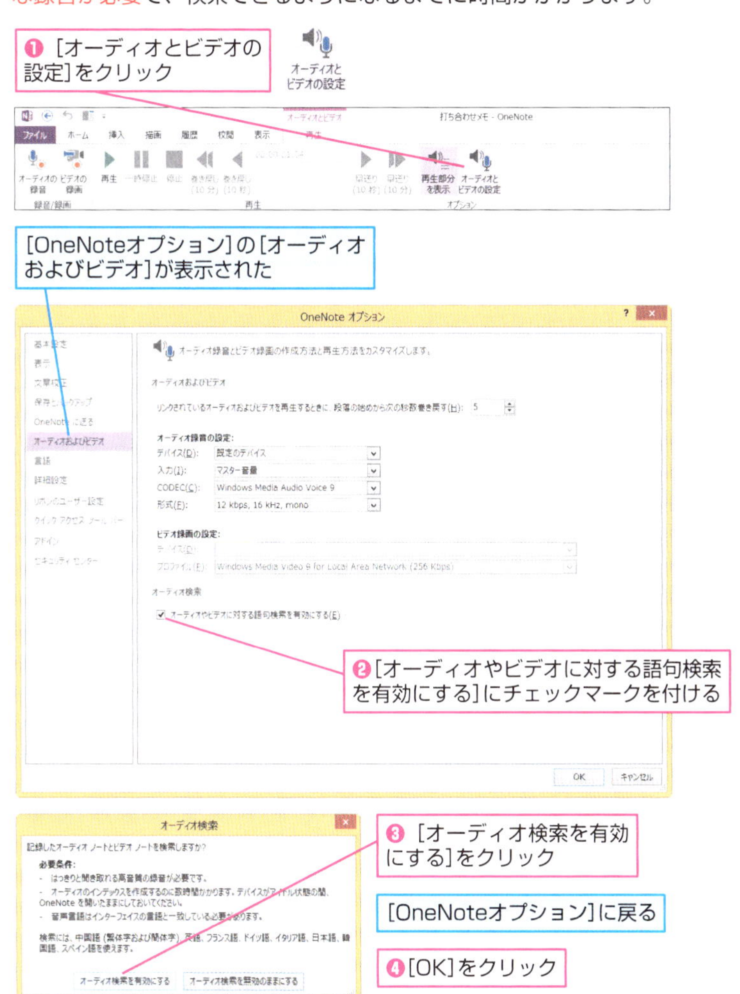

レッスン 23

Outlookと連携して予定を管理するには

Outlookタスク

OneNoteは、Outlookと連携してタスクの管理を行うこともできます。使い方はノート シールに似ていますが、より高度な使い方が可能です。

Outlookタスクの設定

1 Outlookタスクを設定する

Outlookタスクに設定したいメモがあるページを表示しておく

期限が来週のOutlookタスクに設定する

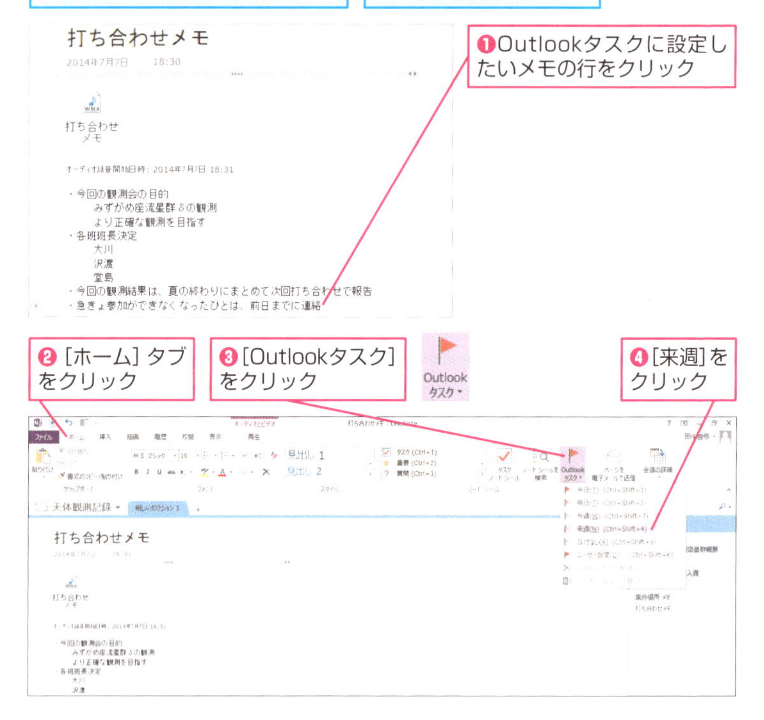

Hint!

登録したタスクを外出先でチェックする

マイクロソフトのWebメールサービスであるOutlook.comのアカウントをOutlookに登録している場合、OneNoteで設定したOutlookタスクの内容がOutlook.comにも反映されます。Webブラウザーからoutlook.comにアクセスすることで、設定したタスクを外出先でも確認できます。

Hint!

Outlook 2013/2016がインストールされているか確認しよう

[Outlookタスク] を設定するには、パソコンにOutlook 2013/2016がインストールされ、メールアカウントの設定が完了した状態になっている必要があります。[Outlookタスク] のボタンがない場合は確認してみましょう。なお、OutlookはOneNoteの有料版と同様に、Microsoft Office Home & BusinessやProfessional、Office 365 Soloに含まれています。

2 Outlookタスクが設定された

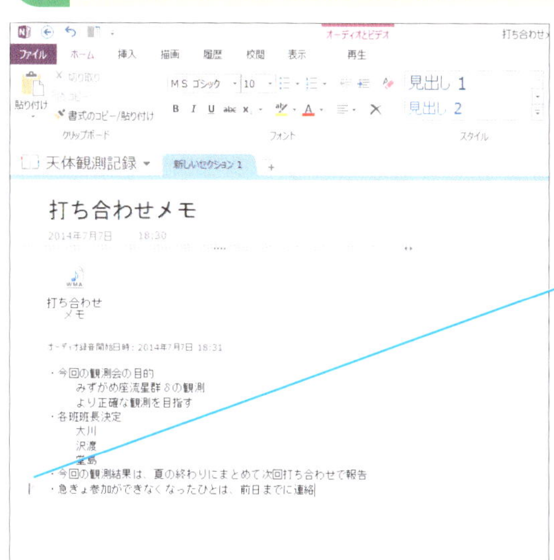

Outlookタスクのアイコンが表示された

メモがOutlookタスクとして設定された

アイコンをクリックすると、Outlookタスクが完了した状態になる

次のページに続く

3 Outlookでタスクを確認する

Outlookでタスクを確認し、完了した状態にする

Outlookを起動しておく

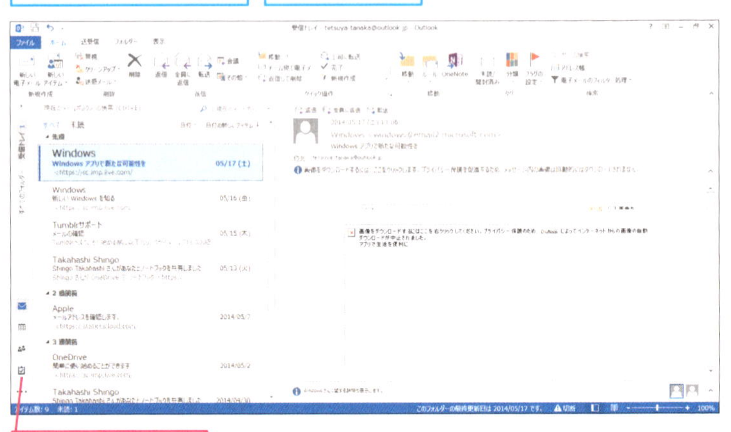

[タスク]をクリック

4 タスクを完了する

OneNoteで設定したタスクが表示された

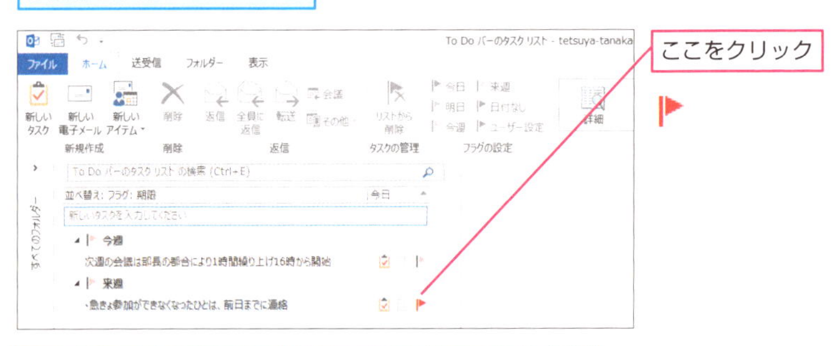

ここをクリック

タスクが完了した状態になり、一覧から消える

OneNoteのOutlookタスクも完了した状態になる

Hint!

メモをメールで送信するには

OneNoteとOutlookの連携としては、Outlookを使ってOneNoteのページをメールで送信するという使い方も用意されています。相手がOneNoteを持っているかどうか分からない場合でも、画像などが挿入されたページをそのまま送信することが可能です。ページをメールで送信するには、以下の手順で操作します。

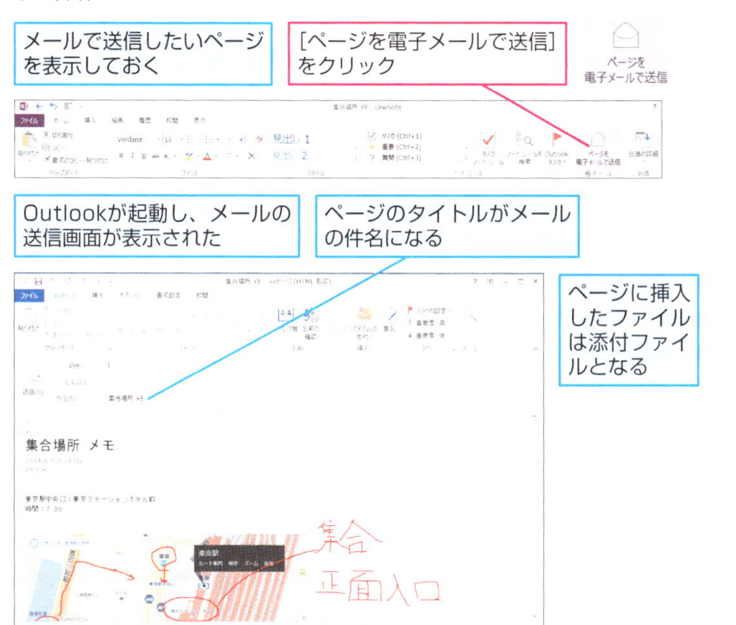

Point Outlookとの連携でタスクを管理

作業の抜けや漏れを防ぐため、やるべきことをOutlookのタスクとして管理している人は多いでしょう。その際、OneNoteで用意されている［Outlookタスク］の機能を利用すれば、OneNoteとOutlookの両方でタスクを管理できるようになります。

レッスン 24

紙の書類をページに取り込むには

スキャン

パソコンにプリンター複合機やスキャナーが接続されていれば、それらをOneNoteから直接操作して、紙の書類をページに取り込むことができます。

1 スキャンを開始する

あらかじめスキャナーを使える状態にして取り込みたい書類を用意しておく

❶スキャンした書類を挿入したい場所をクリック

❷[挿入]タブをクリック

❸[スキャンした画像]をクリック

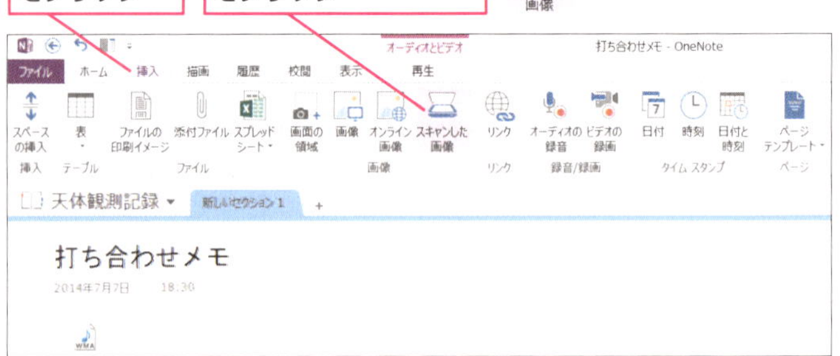

2 スキャンを実行する

[スキャナーまたはカメラから図を挿入]ダイアログボックスが表示された

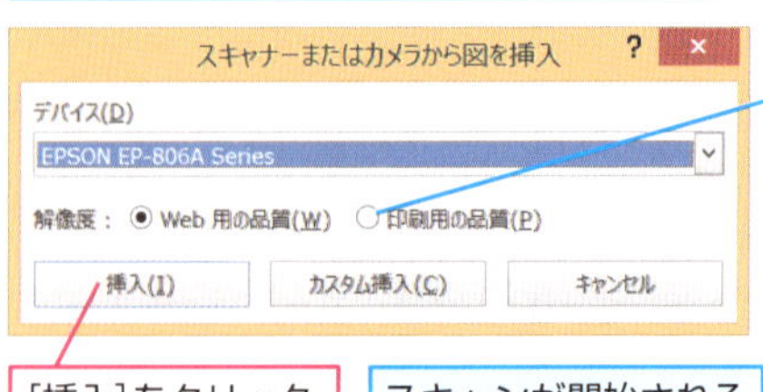

印刷しても読める品質でスキャンしたいときは、[印刷用の品質]をクリックする

[挿入]をクリック

スキャンが開始される

第3章 ページに図表やファイルを挿入する

OneNote 2016ではスキャン機能が削除されている

OneNote 2016では、このレッスンで解説したスキャン機能は削除されており、手順1の画面にある［スキャンした画像］ボタンが表示されません。OneNote 2016で紙の書類を取り込むには、まず、スキャナーに付属するアプリなどでスキャンした書類を画像やPDFとして保存しておきます。それらを画像（レッスン13を参照）や添付ファイル（レッスン16を参照）としてページに挿入すれば、紙の書類をOneNoteに取り込めます。

3 スキャンした書類が挿入された

スキャンが完了し、取り込んだ書類が画像として挿入された

スキャンした画像は、ほかの画像と同様に操作できる

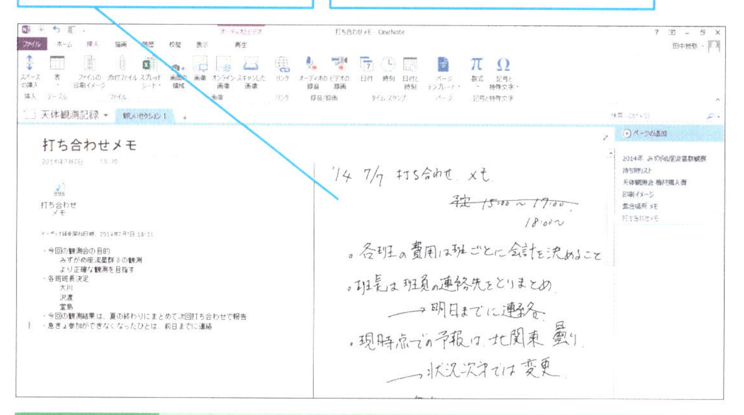

Point アナログのデータもどんどんデジタル化しよう

OneNoteとスキャナーの組み合わせは強力で、紙の書類を手軽にデジタル化して管理できます。取り込んだ書類は画像として挿入されますが、OneNoteでは画像内に含まれる文字を検索できるため、目的の書類をすばやく探し出せることも大きなメリットです。紙の書類を受け取ることが多く、書類を探すのにいつも苦労しているなら、ぜひこの組み合わせを試してみましょう。

この章のまとめ

画像や音声などでページを充実させよう

キーボードで入力したテキストによるメモだけでなく、Webページの内容やデジタルカメラで撮影した画像、手書きで入力した図、あるいはパソコンのマイクで録音した音声など、さまざまな情報を一元的に管理できることは、OneNoteの大きな特徴です。
たとえば､会議の際にキーボードでテキストを入力しつつ音声を録音し、さらにホワイトボードに書き込まれた内容をデジタルカメラで撮影して取り込んでおけば､会議の内容を正確に記録することができます。また、テキストで記録するよりも、手書きで図を描いた方が分かりやすいといったケースでも、紙のノートに手書きするのではなく、OneNoteに直接書き込むことが可能です。このように、作成するメモの内容に合わせて、最適な手段を選ぶようにしましょう。

画像や手書き文字を追加して分かりやすいページにする

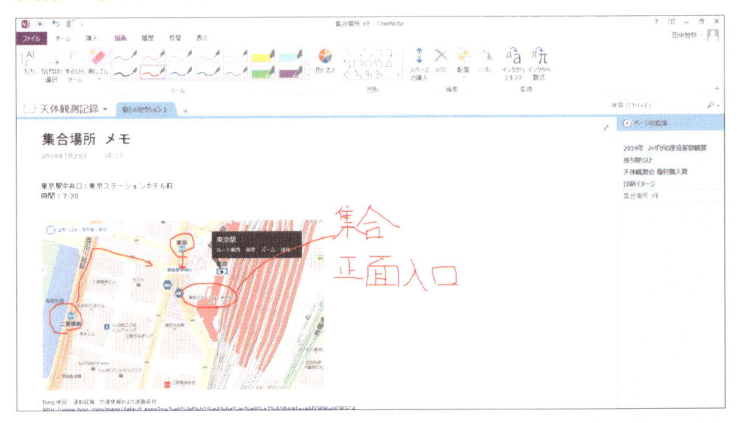

ページにはテキストでメモを入力するほかに、画像や画面の一部を挿入したり、手書きの文字や図形を入力したりできる。さらに、ファイルの添付や音声の挿入、Webページの保存や紙の書類のスキャンなども行える。

第4章

ページを整理する方法を覚える

OneNoteを継続して使っていると、ただページを追加していくだけでは必要な情報を探しづらくなります。本章では、セクションを使ったページの分類方法や、ページ内の情報の検索機能などを解説します。

レッスン 25

セクションを作るには

セクションの作成

ページを目的や内容などで分類したい場合に利用するのがセクションです。セクションを使うことにより、ページをひとつのまとまりとして簡単に整理できます。

セクションの作成

1 新しいセクションを作成する

セクションを作成したいノートブックを開いておく

ここをクリック

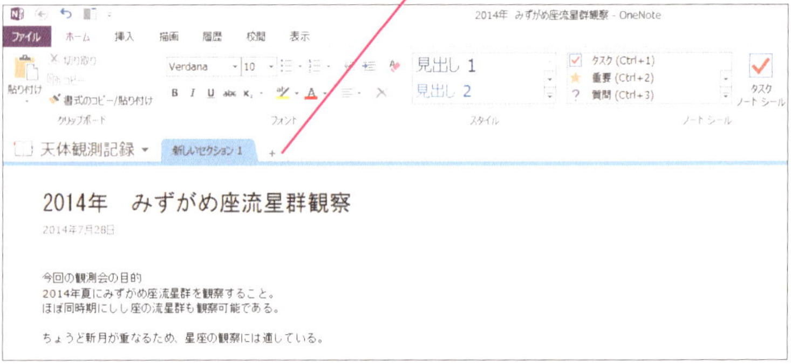

2014年 みずがめ座流星群観察 - OneNote

ファイル ホーム 挿入 描画 履歴 校閲 表示

天体観測記録 新しいセクション 1 +

2014年　みずがめ座流星群観察

2014年7月28日

今回の観測会の目的
2014年夏にみずがめ座流星群を観察すること。
ほぼ同時期にしし座の流星群も観察可能である。

ちょうど新月が重なるため、星座の観察には適している。

Hint!

セクションをファイルとして保存するには

ノートブック内の特定のセクションをほかの人に渡したい、といったときは、セクションをファイルとして保存しましょう。保存したいセクションを右クリックし、表示されるメニューで［エクスポート］を選択すると［名前を付けて保存］ダイアログボックスが表示され、そのセクションのページだけを含むOneNoteファイルを保存できます。

Hint!

セクションの色を変更するには

セクションを右クリックすると、表示されるメニューに［セクションの色］という項目があります。この一覧から色を選択すると、セクションのタブとページ一覧の背景の色を変更できます。

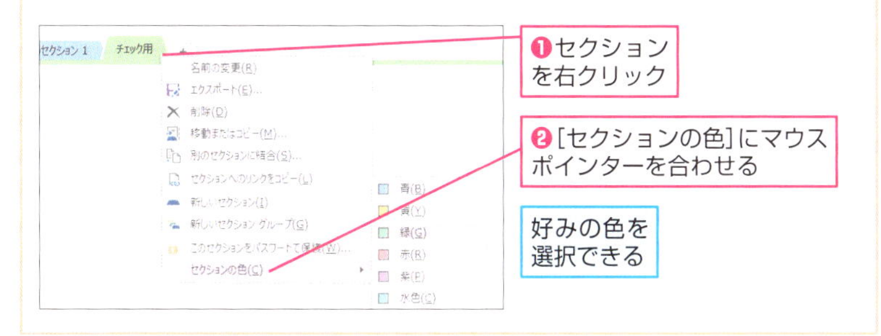

2 セクションの名前を入力する

3 セクションの作成が完了した

次のページに続く

セクションの削除

4 セクションを削除する

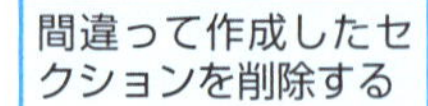
間違って作成したセクションを削除する

❶セクションを右クリック

❷[削除]をクリック

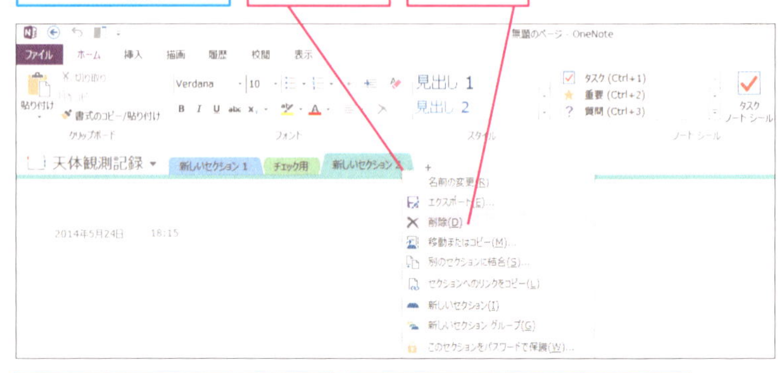

「次のセクションをこのノートブックのゴミ箱に移動してもよろしいですか？」と表示された

OneNote 2016では、「このセクションを［削除済みノート］に移動しますか？」と表示される

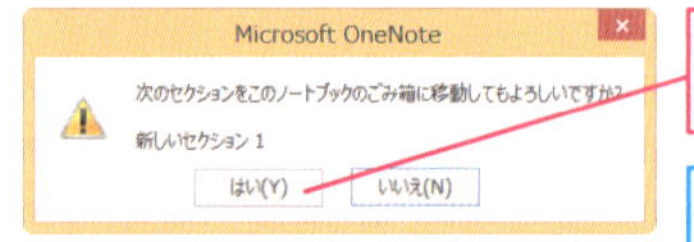

❸[はい]をクリック

セクションが[ノートブックのゴミ箱]に移動する

Point 情報の参照しやすさを心がけてセクションを作成しよう

セクションをどのように作成するかは、OneNoteを利用する上で悩みやすいポイントです。ページの分類基準は人それぞれですが、あとで見たときの探しやすさを意識するといいでしょう。たとえば、旅行に関する情報であれば、事前の準備、旅行中、旅行後の記録といった進捗に沿ってセクションを作成すれば、そのセクションにあるページをいつ参照すればいいのかが明確になります。

Hint!

セクションを並べ替えるには

セクションの順序は、自由に並べ替えできます。セクションを移動したい位置にドラッグすると、セクションとセクションの間に下向きの三角形（▼）が表示されるので、この状態でマウスのボタンを離します。名前順、あるいは利用頻度が高い順など、使いやすい順序で並べ替えましょう。

Hint!

セクションをパスワードで保護するには

社内の機密情報など、人に見せられない重要な情報をOneNoteで管理したい場合は、パスワードを設定してセクションを保護しましょう。以下の手順で、第三者には分からないパスワードを設定します。次回以降、OneNoteを起動すると、保護したセクションに含まれるページはパスワードを入力しない限り内容を確認できません。

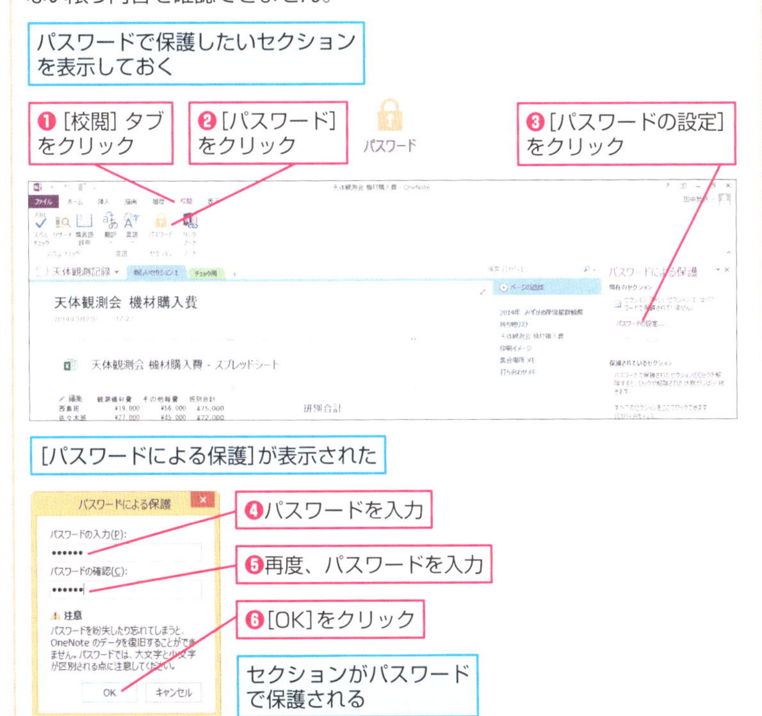

レッスン 26

ページを別のセクションに移動するには

ページの移動

メモを書き込んだページは、新しく作成した別のセクションに移動できます。内容や進捗に応じて、ページを分類・整理するときなどに使いましょう。

1 ページの移動を開始する

別のセクションに移動したいページを表示しておく

❶移動したいページを右クリック

❷[移動またはコピー]をクリック

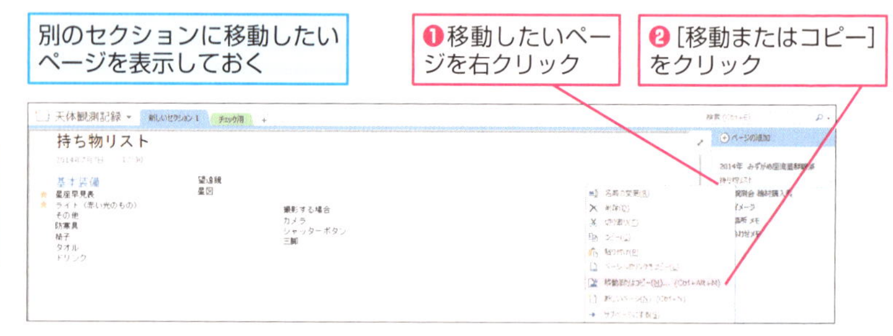

2 移動先のセクションを選択する

[ページの移動またはコピー]ダイアログボックスが表示された

❶移動先のセクションをクリック

❷[移動]をクリック

コピーしたいときは[コピー]をクリックする

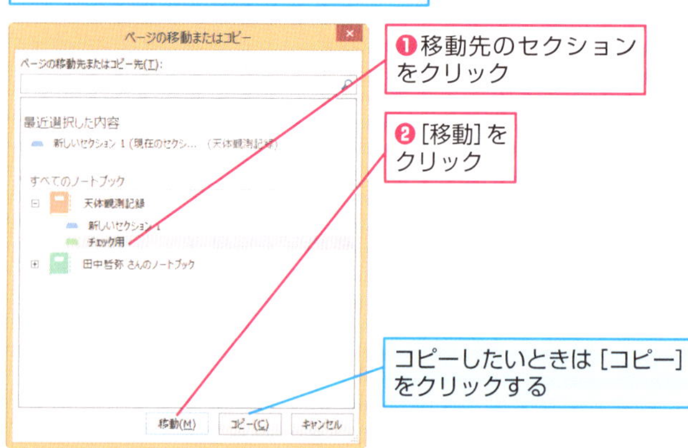

Hint!

ドラッグで移動することもできる

画面の右側にあるページ一覧に表示されているページを、セクションのタブにドラッグして移動することもできます。コピーしたい場合はCtrlキーを押しながらドラッグします。

3 ページの移動が完了した

移動したページを確認する

移動先のセクションをクリック

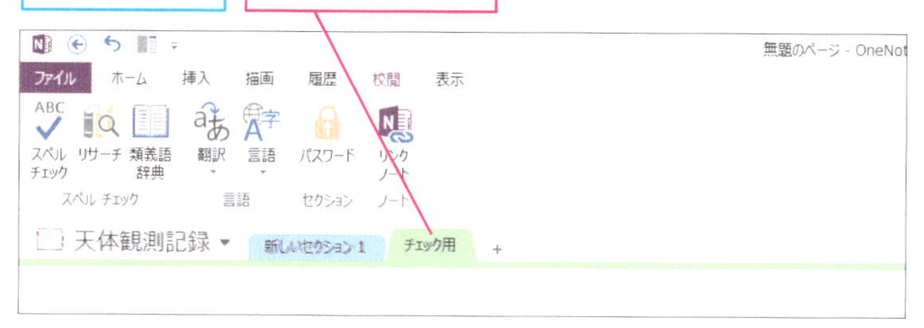

移動したページが表示された

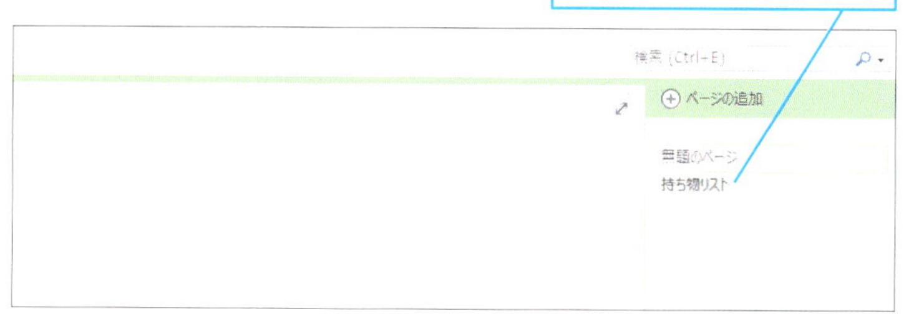

Point ページを移動してノートブックを整理しよう

セクションを使ってページを分類する上で、ページを移動する作業は欠かせません。同じノートブック内でページを移動するときは、Hint!で解説したようにドラッグする方が簡単ですが、ノートブック間でページを移動する場合は、手順2のように移動先のノートブックにあるセクションを選択して移動しましょう。

レッスン 27

不要になったページを削除するには

ページの削除、ノートブックのごみ箱

ページの内容を見直したり、ノートブックやセクションを整理したりした結果、不要になったページが生じた場合は、ページを削除することができます。

ページの削除

1 削除したいページを選択する

Hint!

複数のページを選択するには

複数のページをまとめて選択したいときは、ページ一覧でCtrlキーを押しながらページをクリックします。なお、Shiftキーを押しながら2つのページをクリックすると、その間にあるページをまとめて選択できます。

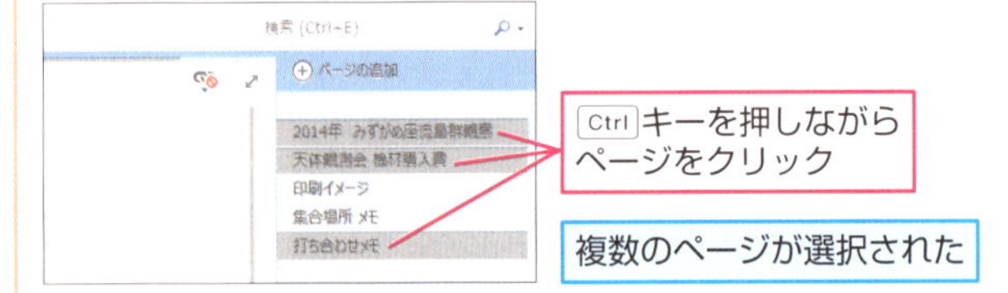

第4章 ページを整理する方法を覚える

2 ページを削除する

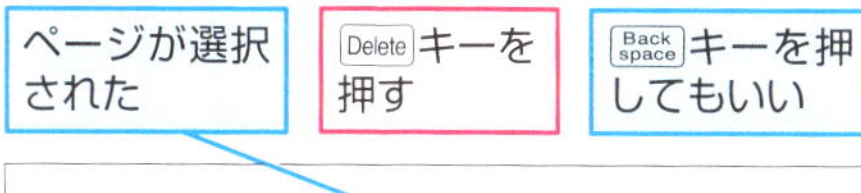

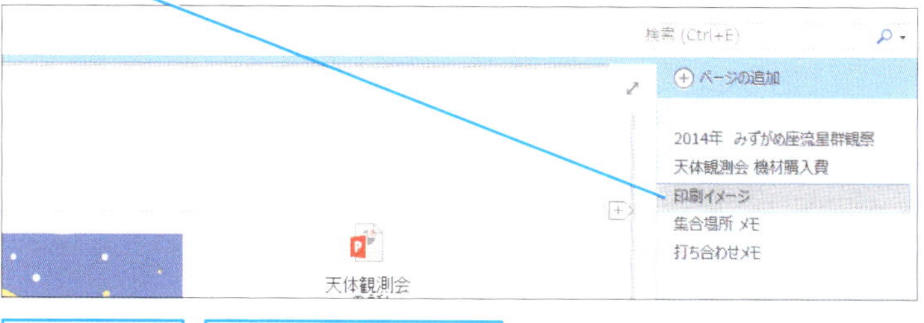

ページが削除された

ページが［ノートブックのごミ箱］に移動した

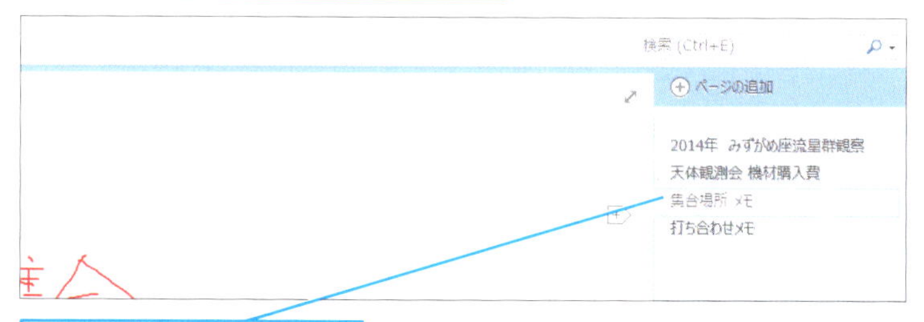

ページ一覧の1つ下にあったページが表示された

削除したページの確認

3 ［ノートブックのごみ箱］の内容を確認する

❶［履歴］タブをクリック

❷［ノートブックのごみ箱］をクリック

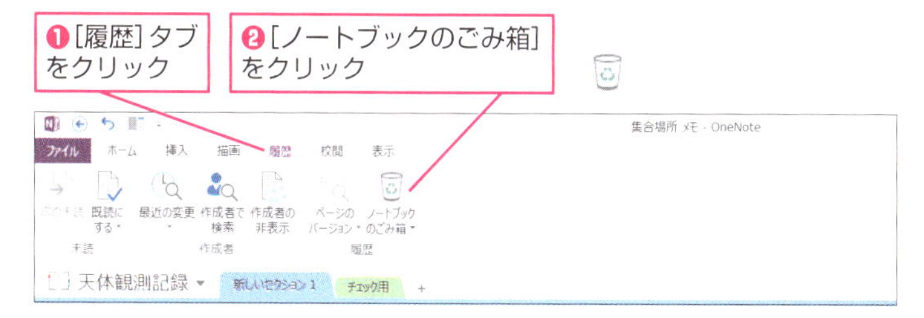

次のページに続く

4 削除したページが表示された

［ノートブックのごみ箱］の内容が表示された

［削除されたページ］セクションに削除したページがある

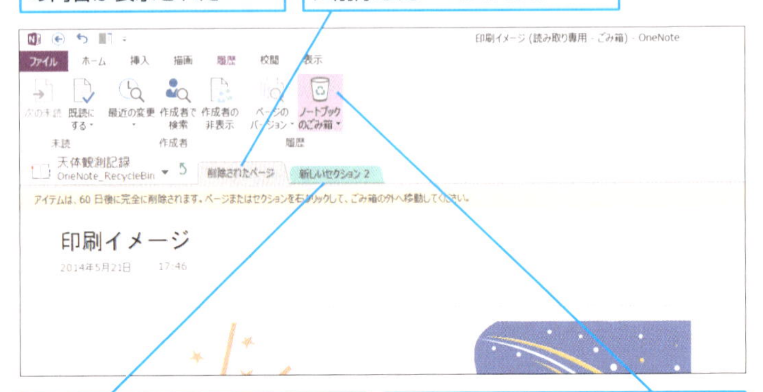

セクションごと削除した場合は削除したセクションが表示される

再度［ノートブックのごみ箱］をクリックすると、元のページへ戻る

第4章 ページを整理する方法を覚える

Hint! 削除したページを元に戻すには

間違ってページを削除してしまった場合は、［ノートブックのごみ箱］から元に戻すことができます。レッスン26で解説したように、そのページを元のノートブックのセクションに移動しましょう。

Point ごみ箱にあるページは60日を過ぎると消去される

OneNoteでページを削除すると、いきなり消去されるのではなく、いったん［ノートブックのごみ箱］の中に移動します。これにより、もし間違ってページを削除しても、［ノートブックのごみ箱］から元に戻せます。ただし、［ノートブックのごみ箱］にページが保管される期間は60日間と決まっており、60日を過ぎると自動的に消去されてしまいます。間違って削除してしまった場合は、早めに元のセクションに戻しましょう。

Hint!

ページを過去の状態に復元するには

OneNoteではページごとに編集の履歴が記録されており、必要なときに過去の状態に戻すことができます。この機能を利用するには、元に戻したいページを表示して［履歴］タブにある［ページのバージョン］をクリックします。これで、ページ一覧に過去の状態のページが時系列で表示されます。復元したい時点の日付を右クリックして［バージョンを復元］をクリックすれば、ページが復元されます。間違ってページを編集し、重要な情報を上書きしてしまったときに利用しましょう。

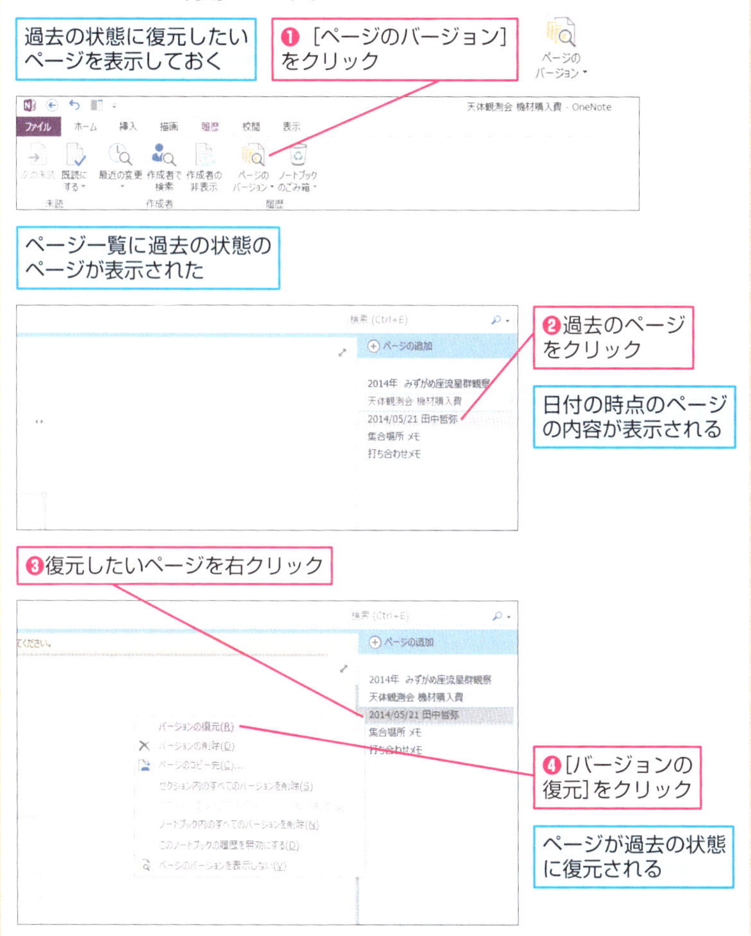

レッスン 28

ページの内容を検索するには

キーワードとノート シールの検索

OneNoteにある情報が増えると、セクションを使って分類していても、目的のページやページに含まれるメモが見つかりづらくなります。そこで活用したいのが検索機能です。

キーワードの検索

1 検索したいキーワードを入力する

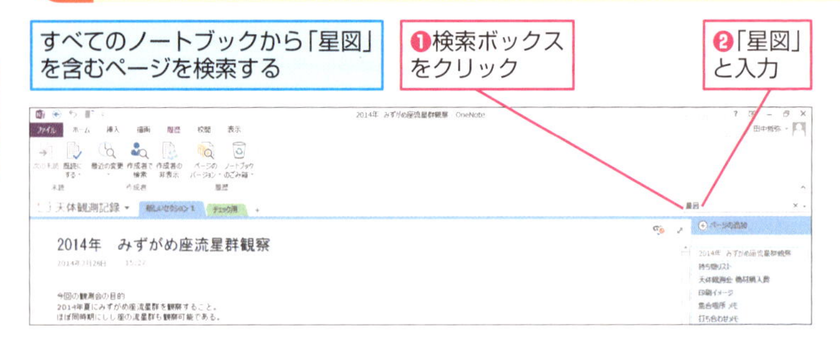

Hint! キーワードの検索範囲を変更するには

標準の設定では、キーワードの検索範囲は［すべてのノートブック］となっています。検索範囲を変更するには、検索ボックスのメニューから検索範囲を選択します。なお、再度メニューを表示して［この範囲を既定に設定］を選択すると、次回以降もその検索範囲が適用されます。

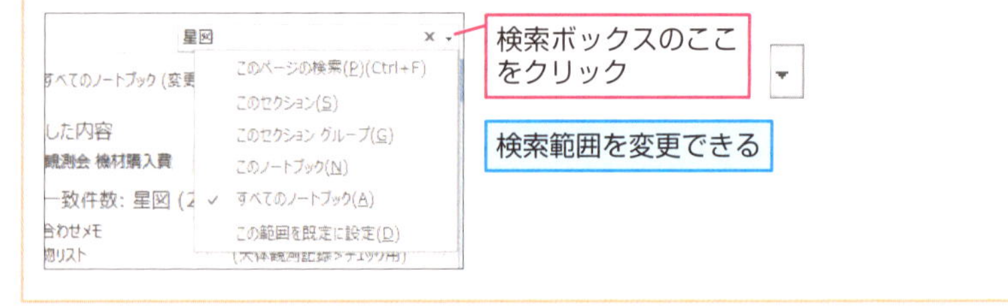

Hint!

検索結果を並べ替えるには

検索したキーワードに該当するページが多数ある場合は、検索結果の順序を変更すると、目的のページを探しやすくなります。検索結果を並べ替えるには、まず、以下のように検索結果の画面を固定します。これで画面右側に検索結果の一覧が表示され、セクションやページタイトル、更新日時で並べ替えることができます。

キーワードの検索結果を表示しておく

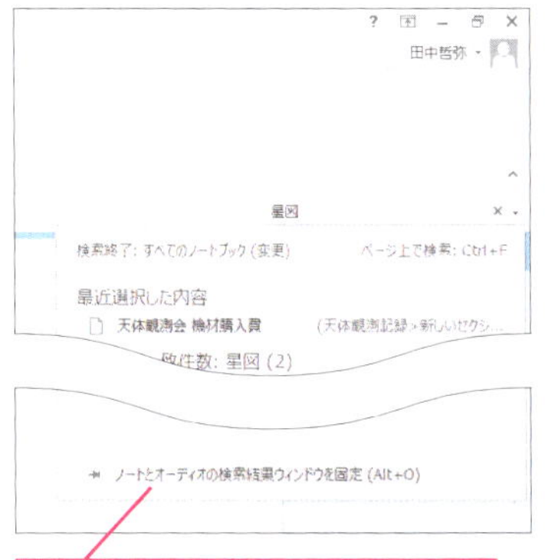

[ノートとオーディオの検索結果ウィンドウを固定]をクリック

検索結果の画面が固定された

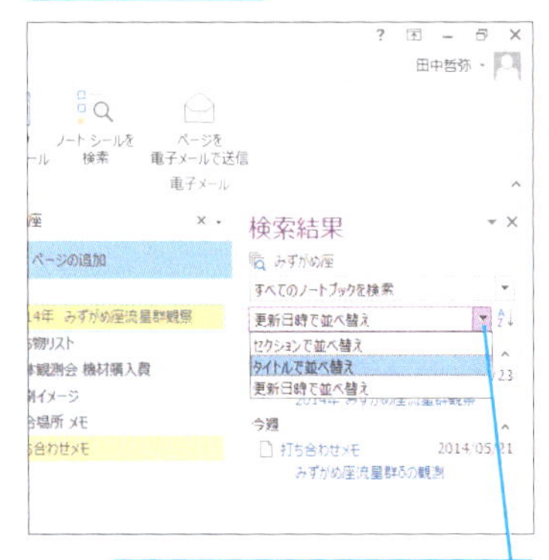

ここをクリックすると、検索結果を並べ替えられる

2 キーワードの検索結果を確認する

「星図」を含むページの一覧が表示された

確認したいページをクリック

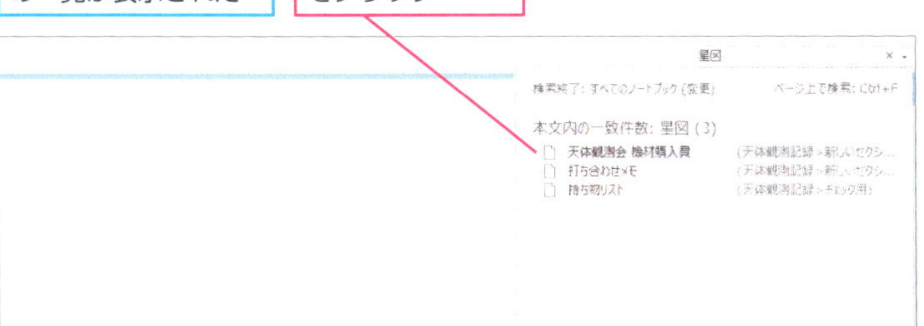

次のページに続く

3 キーワードのあるページが表示された

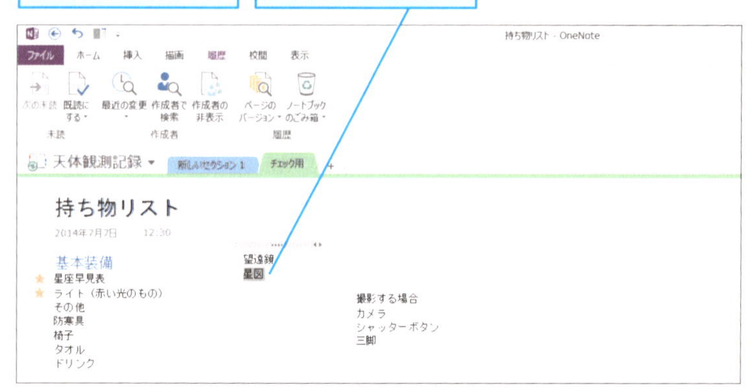

ノート シールの検索

4 ［ノート シールの概要］を表示する

Hint!

未完了のタスクだけを検索するには

手順5の［ノート シールの概要］で［チェックされていないアイテムのみを表示する］にチェックマークを付けると、［タスク］［相談A］［会議を設定］などのチェックボックス付きのノート シールで、まだチェックマークが付いていない、つまり未完了のタスクだけが表示されます。

5 ノート シールの検索結果を確認する

［ノート シールの概要］が表示された

ノートブック内のすべてのノート シールの一覧が表示された

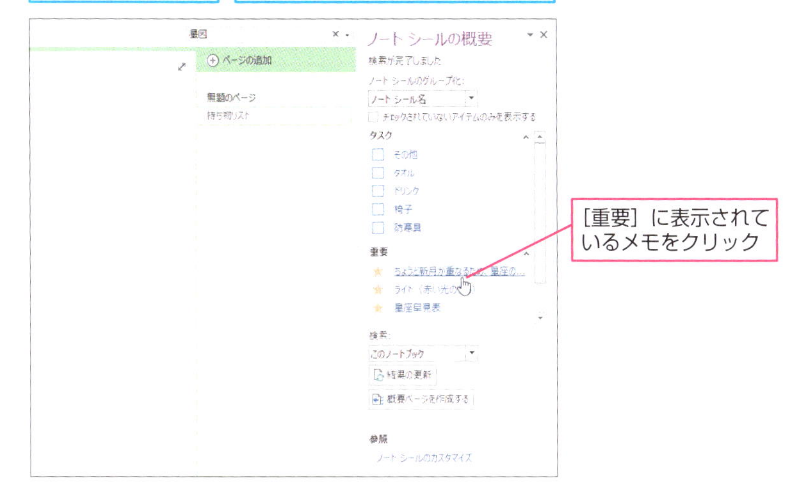

［重要］に表示されているメモをクリック

6 前に見ていたページへ戻る

［重要］のノート シールが付いたメモを含むページが表示された

前に見ていたページへ戻る

［戻る］をクリック

2014年 みずがめ座流星群観察 - OneNote

ファイル ホーム 挿入 描画 履歴 校閲 表示

切り取り コピー 貼り付け 書式のコピー/貼り付け クリップボード フォント 見出し 1 見出し 2 スタイル タスク (Ctrl+1) 重要 (Ctrl+2) 質問 (Ctrl+3)

天体観測記録 新しいセクション 1 チェック用

2014年　みずがめ座流星群観察

2014年7月28日　15:27

今回の観測会の目的
2014年夏にみずがめ座流星群を観察すること。
ほぼ同時期にしし座の流星群も観察可能である。

ちょうど新月が重なるため、星座の観察には適している。

次のページに続く

7 前に見ていたページが表示された

検索する前のページが表示された

再度［戻る］をクリックすると、さらに前のページが表示される

ここをクリックすると［ノートシールの概要］が閉じる

Hint! ノート シールが付いたメモの一覧を作成できる

［ノートシールの概要］の下部にある［概要ページを作成する］をクリックすると、ノート シールが付いたメモを一覧にまとめたページが作成されます。作成された一覧にはリンク ノートが設定されており、そのメモがあるページをすばやく参照できます。ノート シールが付いたメモが増えたときに役立つので利用してみましょう。

Point ページが増えるほど高まる検索の重要性

作成したページの数が増えると、タイトルだけを見て目的の情報を探し出すのは難しくなり、時間を無駄にすることになりかねません。そこで積極的に活用したいのが検索機能です。どれだけ多くのページがあっても、検索機能を利用すれば、入力したキーワードや目的のノート シールを含むページをすばやく表示できます。OneNoteを使いこなすために、しっかりマスターしましょう。

Hint!

ノート シールの検索結果を日付ごとに分類するには

［ノート シールの概要］では、検索したノート シールを日付やセクション、ページタイトルなどで分類できます。日付ごとに分類する場合は、以下の手順のように［日付］を選択します。同様に［セクション］を選択するとノート シールを付けたページのセクションごと、［タイトル］を選択するとページごとにノート シールが分類されます。

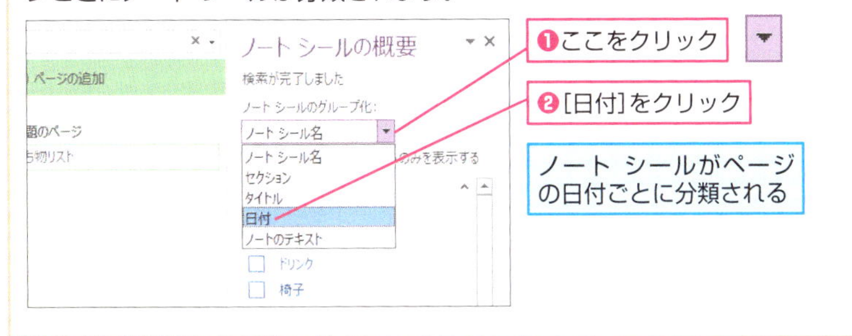

Hint!

ノート シールの検索範囲をセクションのみにするには

特定のセクションのノート シールだけを検索したい場合は、［ノート シールの概要］の下部にある［検索］のリストボックスをクリックして［このセクション］を選択します。これで、現在表示中のセクションの中にあるノート シールだけを表示できます。同様に［このノートブック］を選択すると使用中のノートブックだけ、［すべてのノートブック］を選択すると、OneNoteで開いているすべてのノートブックを対象に検索できます。

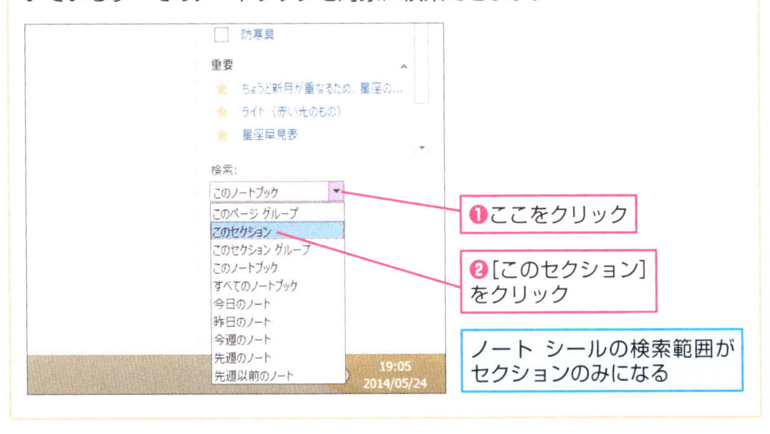

レッスン
29

ページを印刷するには

印刷

OneNoteの印刷機能を利用して、作成したページをプリンターで出力してみましょう。ページをほかの人に見せたり渡したりしたいときに、もっとも手軽な方法です。

1 印刷を開始する

印刷したいページを表示しておく

❶[ファイル]タブの[印刷]をクリック

❷[印刷プレビュー]をクリック

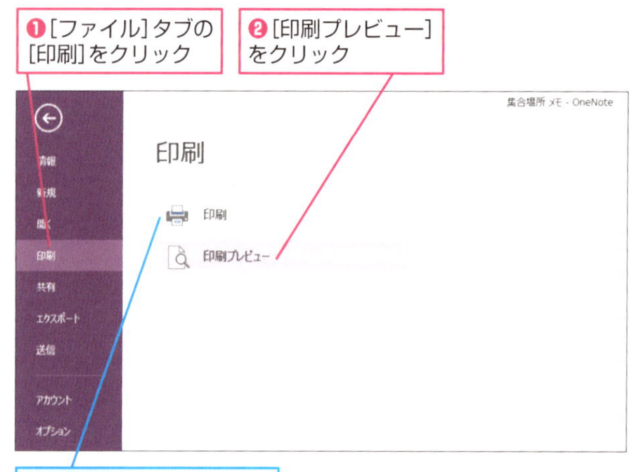

[印刷]をクリックすると、手順3の画面が表示される

Hint!

印刷する範囲を選択するには

手順2の[印刷プレビューおよび設定]では、[印刷範囲]を設定できます。表示しているページだけを印刷する[現在のページ]、そのページのサブページも含めて印刷する[ページ グループ]、セクション内の全ページを印刷する[現在のセクション]から選択しましょう。

2 印刷を実行する

[印刷プレビューおよび設定] ダイアログボックスが表示された

表示しているページをA4サイズの用紙に印刷する

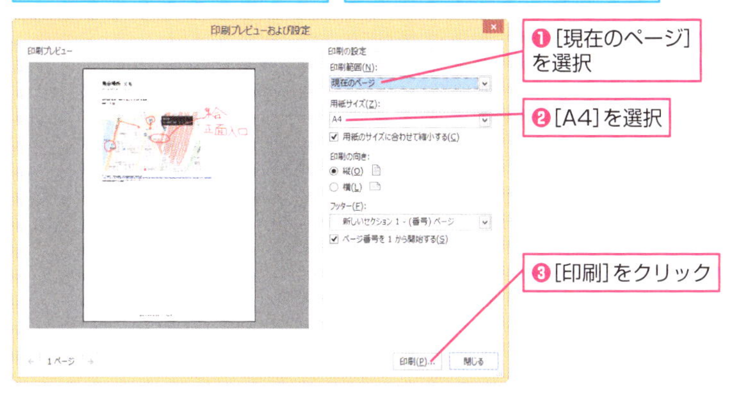

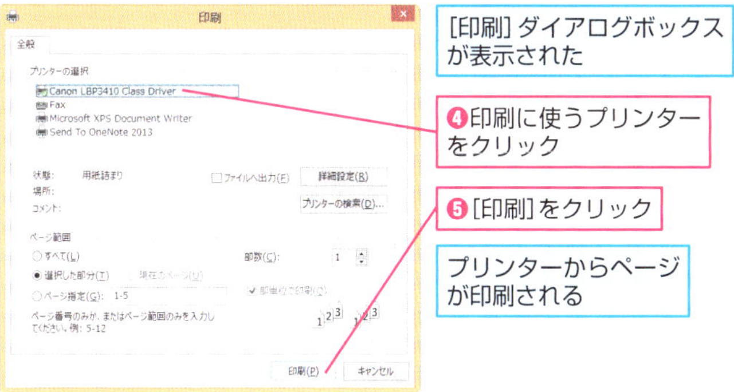

Point 用紙にうまく収まるように工夫しよう

ページを印刷すると、選択した用紙サイズに収まるように、自動的にページ全体の大きさが調整されます。しかし、それによってメモが縮小され、内容が読みづらくなることもあります。レッスン9のHint!を参考に、事前に用紙サイズを設定しておき、用紙にメモが収まるように修正しておくとスムーズに印刷できます。

レッスン 30

ページを配布用のPDFにするには

エクスポート

OneNoteで作成したページは、別のファイル形式に保存し直すことが可能です。ここではPDF形式で保存して、誰でも同じ見た目で表示できるようにしましょう。

1 エクスポートを実行する

PDF形式で保存したいページを表示しておく

❶［ファイル］タブの［エクスポート］をクリック

❷［ページ］をクリック

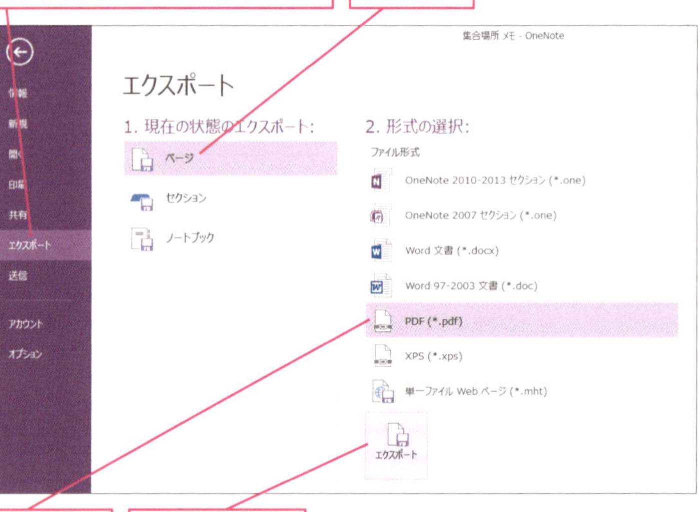

❸［PDF］をクリック

❹［エクスポート］をクリック

Hint!

セクション単位でPDFファイルにするには

[エクスポート] はページ単位だけでなく、セクション単位やノートブック単位でファイルを出力することもできます。手順1の画面にある [現在の状態のエクスポート] で [セクション] を選択すると、開いているセクションのすべてのページが1つのPDFファイルとして出力されます。同様にノートブック単位でエクスポートすれば、ノートブック内のすべてのページが1つのPDFファイルとして出力されます。

2 エクスポートしたPDFを保存する

[名前を付けて保存] ダイアログボックスが表示された

ここではデスクトップに保存する

❶[デスクトップ]をクリック

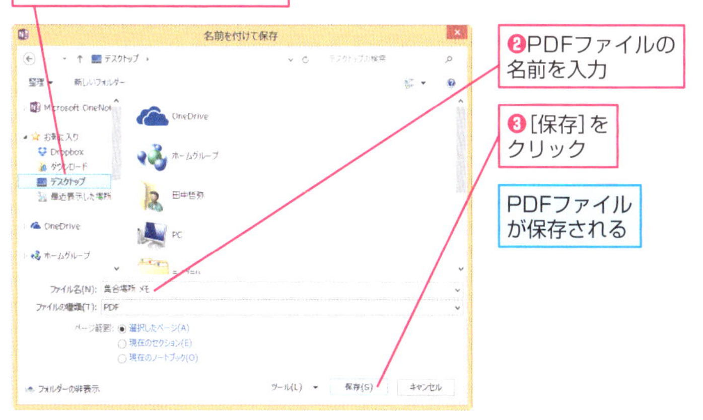

❷PDFファイルの名前を入力

❸[保存]をクリック

PDFファイルが保存される

Point PDFは誰でも確認できるファイル形式

PDFはファイルをやり取りする際の標準的なフォーマットとして普及しており、パソコンやスマートフォンで開いて内容を確認できます。OneNoteで作成したメモをほかの人に見てもらいたい場合は、PDF形式で送るようにしましょう。

レッスン 31

ほかの人とノートブックを共有するには

共有

OneNoteで作成したノートブックは、マイクロソフトのクラウドサービスであるOneDriveを介してほかのユーザーと共有できます。チームでの情報共有などで活用しましょう。

このレッスンは動画で見られます　操作を動画でチェック！▸▸▸

※詳しくは6ページへ

ノートブックの共有

1 ユーザーを招待する

共有したいノートブックを開いておく

❶[ファイル]タブの[共有]をクリック

❷[ユーザーと共有]をクリック

❸ノートブックを共有したい相手のメールアドレスを入力

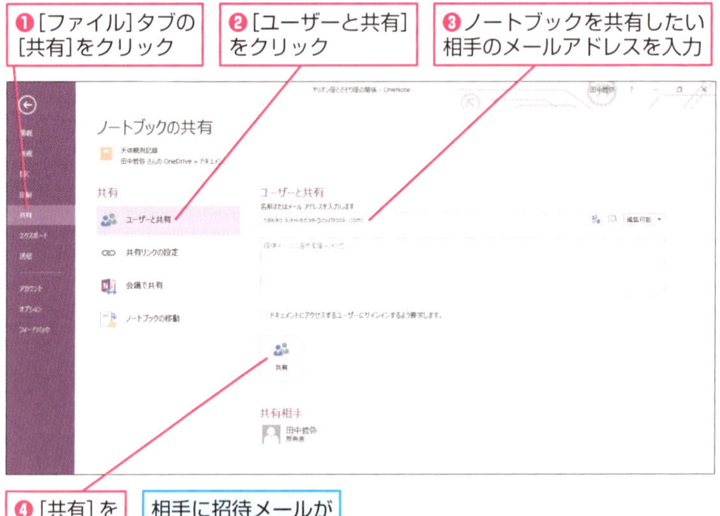

❹[共有]をクリック

相手に招待メールが送信される

共有されたノートブックの編集

2 共有されたノートブックを開く

ほかの人から共有されたノートブックを編集する

「OneDriveで"○○"を共有しました」という件名の招待メールを開いておく

共有されたノートブックのリンクをクリック

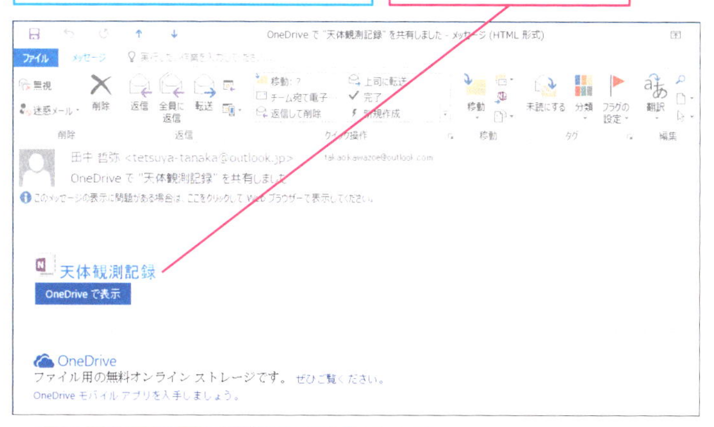

3 ノートブックが表示された

WebブラウザーがS起動し、OneNote Onlineでノートブックが表示された

デスクトップアプリでノートブックを開く

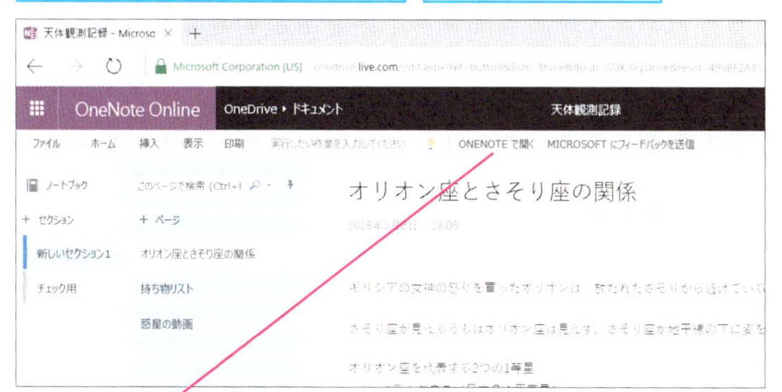

[ONENOTEで開く]をクリック

次のページに続く

4 デスクトップアプリでノートブックが開いた

[アプリを切り替えますか？]と表示されたら[はい]をクリック

デスクトップアプリでノートブックが表示された

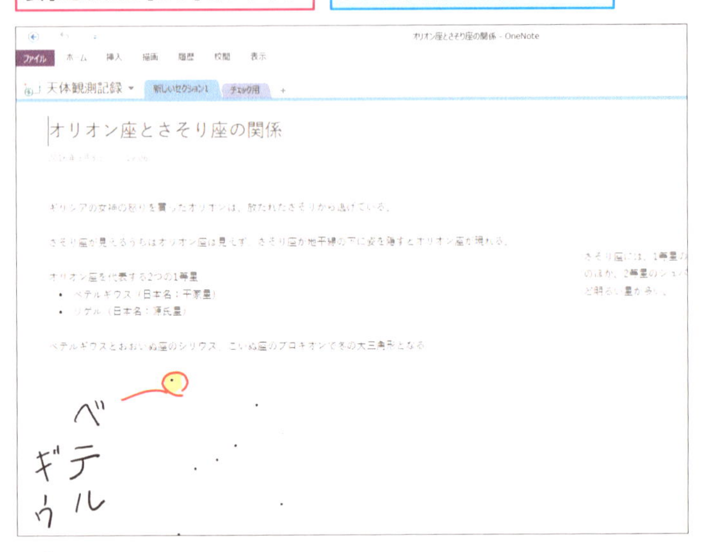

Hint! 共有相手には表示のみを許可したい場合は

ノートブックを共有するとき、ノートブックを編集できる［編集権限］と、表示（閲覧）のみを許可する［表示権限］のいずれかを、共有する相手ごとに割り当てられます。手順1の画面で、相手のメールアドレスの入力欄の右側にあるリストボックスで設定しましょう。

Point ノートブックを共有する際は情報の管理に気を配ろう

ノートブックを共有すると、ノートブックに含まれるすべてのセクションとページが共有相手によって見られる状態になります。ノートブックを共有する際には、見られたくない情報がノートブックに含まれていないかをよく確認しましょう。

ノートブックの共有を終了するには

［ファイル］タブの［共有］に表示される共有相手の一覧で、共有を解除したい相手の名前を右クリックして［ユーザーの削除］を選択すると、そのユーザーとの共有が解除されます。なお、同じメニューにある［権限を表示可能に変更］や［権限を編集可能に変更］をクリックすると権限を変更できます。

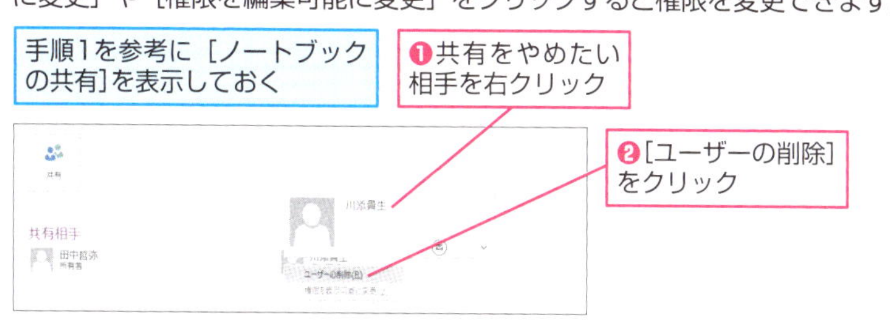

Hint!

OneNote Onlineからでも共有を設定できる

Webブラウザーから利用できるOneNote Online（レッスン32～33を参照）でも、ノートブックの共有設定が行えます。共有を開始するには、OneNote Onlineでノートブックを開いた状態で、画面右上の［共有］をクリックします。続いて、［ユーザーの招待］で共有したい相手のメールアドレスとメッセージを入力し、［共有］をクリックすると招待メールが送信されます。

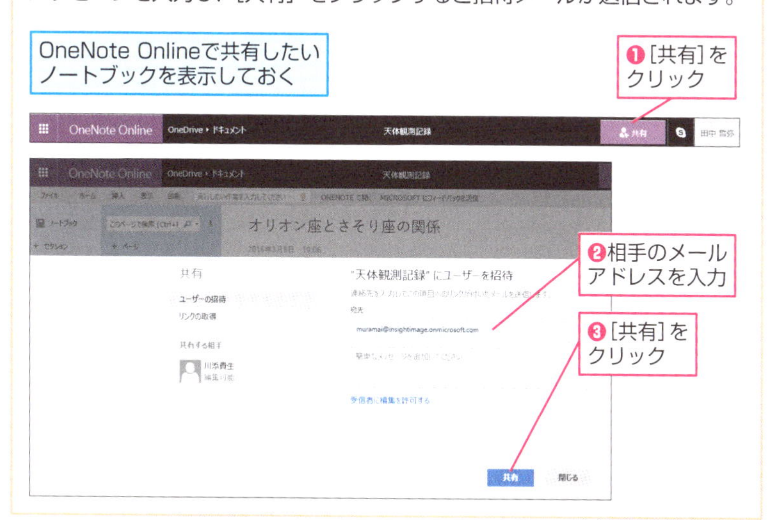

レッスン 32

OneNote Onlineでノートブックを確認するには

OneNote Onlineへの接続

自分のパソコンがなくても、WebブラウザーからOneNoteのページを編集できるOneNote Onlineを使ってみましょう。アプリと同じMicrosoftアカウントでサインインします。

1 サインイン画面を表示する

WebブラウザーでOneNoteのWebページを表示しておく

▼OneNote
https://www.onenote.com/

❶[サインイン]をクリック

[OneNote Onlineへようこそ]が表示された

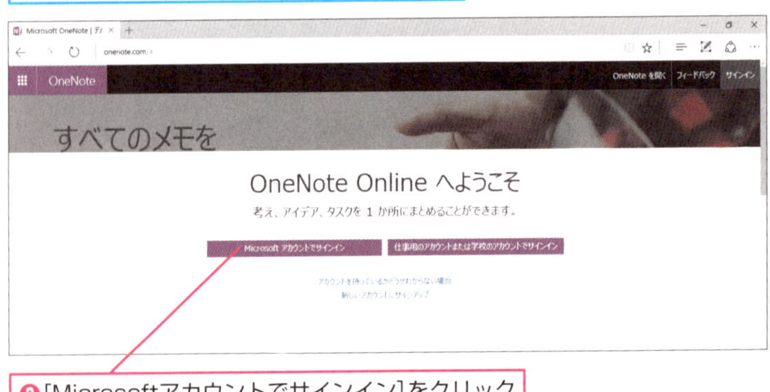

❷[Microsoftアカウントでサインイン]をクリック

Hint!

「OneNote Online」って何？

Microsoft OfficeのクラウドサービスであるOffice Onlineのアプリケーションの1つが、OneNote Onlineです。Webブラウザーがあれば利用できるため、デスクトップアプリがインストールされていないパソコンでもメモを作成できます。利用するにはMicrosoftアカウントが必要です。

2 Microsoftアカウントでサインインする

サインイン画面が表示された

❶Microsoftアカウントとパスワードを入力

❷［サインイン］をクリック

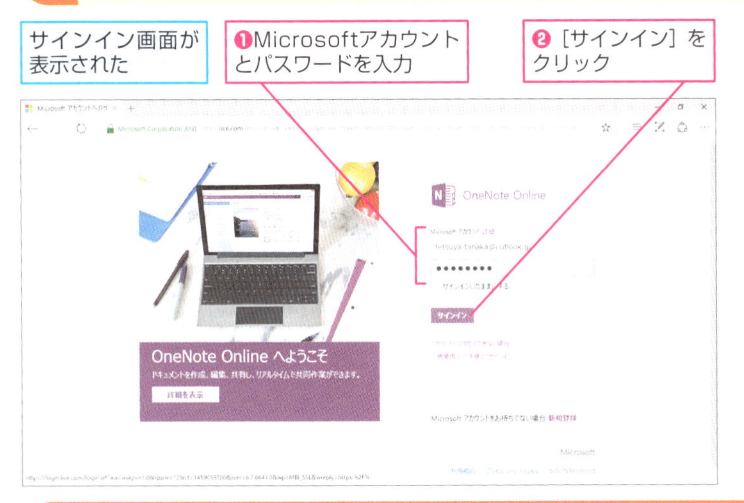

3 ノートブックを開く

ノートブックの一覧が表示された

表示したいノートブックをクリック

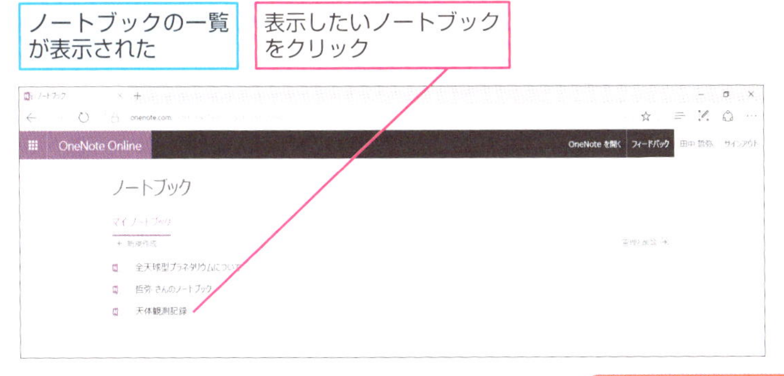

次のページに続く

4 OneNote Onlineでノートブックが表示された

OneNote Onlineでノートブックが表示された

最初のセクションのページが表示された

OneNoteのデスクトップアプリとほぼ同様の操作でメモを確認できる

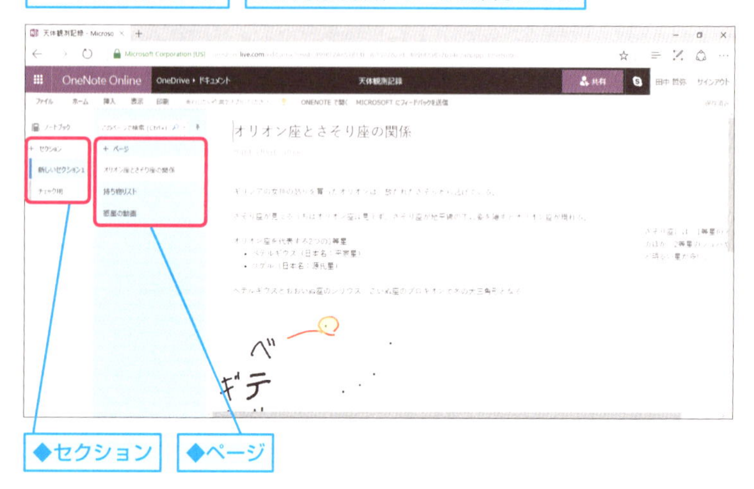

Point インターネットでいつでもノートブックを参照できる

外出先で借りているパソコンや、自分でアプリケーションをインストールすることが許されていないパソコンで、OneNoteを使いたい場合もあるでしょう。そのようなときは、インターネットからOneNote Onlineにサインインすれば、ノートブックを確認したり、メモを追加したりできます。

Hint!

OneNote OnlineからOneDriveにアクセスできる

OneNote Onlineにサインインしたあとに表示されるノートブックの一覧には、[管理と削除] というリンクが表示されています。これをクリックすると、Webブラウザーの新しいタブでOneDriveが開き、ノートブックのファイルを直接参照したり、削除したりすることが可能です。

[管理と削除] をクリック

新しいタブでOneDriveが表示される

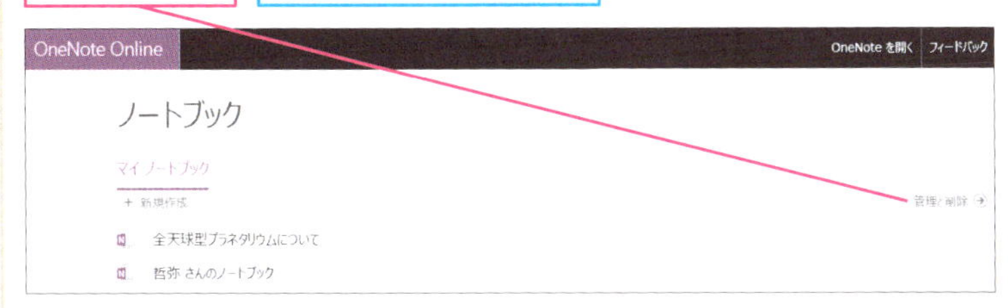

Hint!

OneNote Onlineとデスクトップアプリの違い

OneNote Onlineは利用できる機能に制限があり、Windowsのデスクトップアプリに用意されている編集機能の一部は表示されません。たとえば、リボンの［挿入］タブは、ページやセクション、表、画像などを追加するためのボタンはOneNote Onlineにもありますが、［ファイルの印刷イメージ］や［オーディオの録音］、［ビデオの録画］といったボタンはありません。また、OneNote Onlineでは、手書きするためのペン機能も利用できません。

◆OneNote Onlineの[挿入]タブ

◆デスクトップアプリの[挿入]タブ

レッスン 33

OneNote Onlineで ノートブックを作るには

OneNote Onlineでのノートブックの作成、整理

OneNote Onlineでは、新しいノートブックをOneDrive上に作成できます。OneDriveでフォルダーを作成し、ノートブックを整理することも可能です。

新しいノートブックの作成

1 新しいノートブックを作成する

OneNote Onlineにサインインしておく

❶[新規作成]をクリック

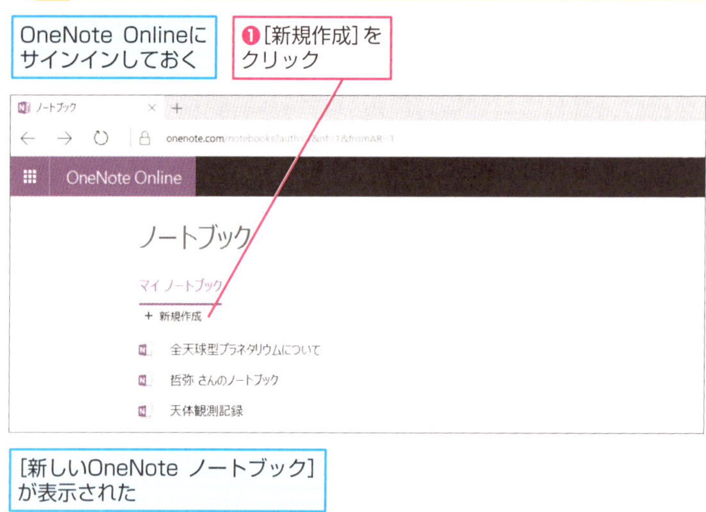

[新しいOneNote ノートブック]が表示された

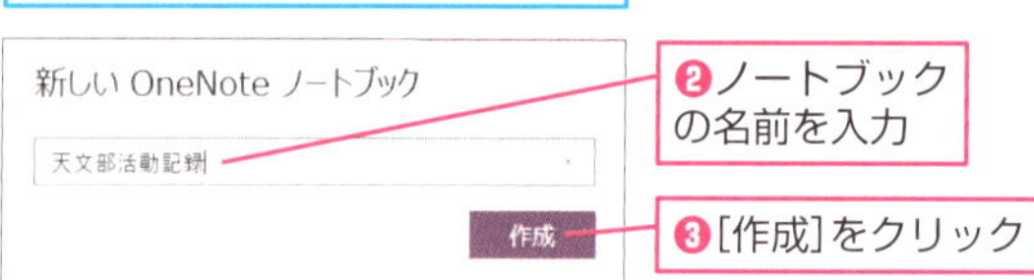

❷ノートブックの名前を入力

❸[作成]をクリック

第4章 ページを整理する方法を覚える

OneDriveにはどれくらいの容量のノートブックを置けるの？

OneDriveは無料プランの場合、全体で5GBの容量を利用できます（2016年3月現在）。また、アップロードする1つのファイル容量は10GBです。このため、容量の大きな画像やファイルをたくさん添付するような用途でなければ、OneNoteのデータだけで容量が不足することはまずないでしょう。ただし、OneDriveはOffice Onlineのほかのアプリケーションでも使用するため、Word OnlineやExcel Onlineでも多数のファイルを扱う場合は、さらに多くの容量が利用できる有料プランを検討しましょう。OneDriveの有料プラン（月額170円）では50GBの容量を利用できます。なお、OneNoteのWindowsデスクトップアプリ有料版を利用できるOffice 365 Solo（月額1,274円）に申し込めば、OneDriveで1TBもの容量を利用可能です。

2 ノートブックが作成された

新しいノートブックが作成され、最初のページが表示された

OneNote Onlineでメモを入力できる

[ノートブック] をクリックすると、ノートブックの一覧に戻る

次のページに続く

ノートブックの整理

3 OneDriveに新しいフォルダーを作成する

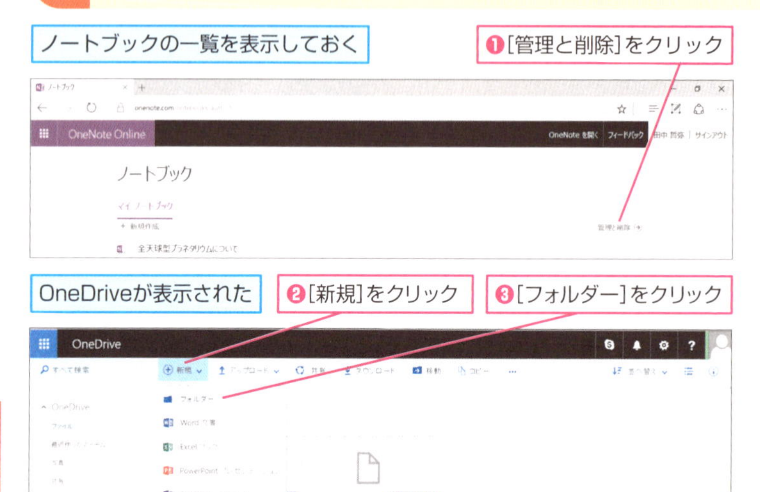

Hint!

外出先のパソコンから接続したときは必ずサインアウトしよう

不特定多数のユーザーが利用する外出先のパソコンでOneNote Onlineを利用した場合は、最後に必ず、画面右上にある［サインアウト］をクリックしましょう。この作業を行わないと、そのあとにパソコンを利用するほかのユーザーにノートブックを見られる可能性があるためです。サインアウトを行えば、次回アクセス時にサインインの操作が必要となるため、内容を勝手に見られることはありません。

［サインアウト］をクリック

OneNote Onlineからサインアウトできる

全天球型プラネタリウムについて　共有　田中 哲弥　サインアウト

ONENOTE で開く　MICROSOFT にフィードバックを送信　保存中...

4 フォルダーにノートブックを移動する

[フォルダー]が表示された

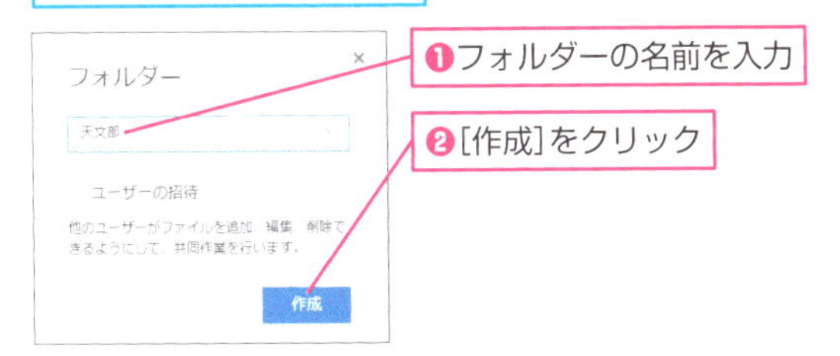

❶フォルダーの名前を入力

❷[作成]をクリック

フォルダーが作成された

❸ノートブックをフォルダーまでドラッグ

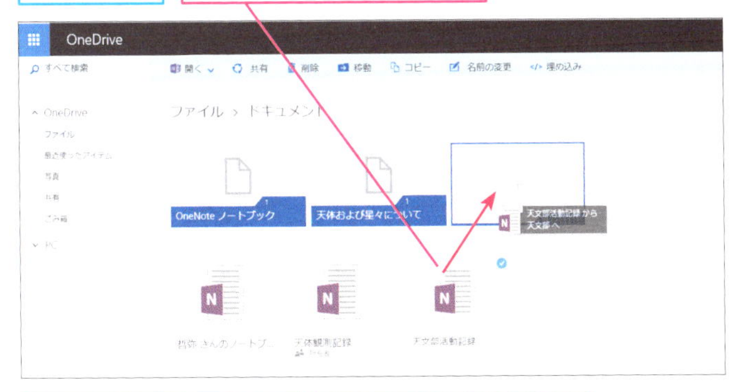

ノートブックがフォルダーに移動する

ノートブックをフォルダーに整理できた

Point OneNote Onlineで使える機能を確認しておこう

OneNote Onlineは、WindowsデスクトップアプリのOneNoteで作成したノートブックの内容を問題なく表示できるほか、文字の入力やノート シールの貼り付け、画像や表の挿入など、最低限の編集機能は備えられています。一方で、131ページのHint!で解説したように、利用できない機能もあります。頻繁に活用したい場合は、使えない機能を把握しておきましょう。

この章のまとめ

ページを整理して情報を生かそう

これまでに解説してきたように、OneNoteは非常に自由度の高いアプリケーションで、さまざまな情報をメモとして残すことができます。ただし、記録したメモを必要なタイミングですばやく参照できなければ、メモを作成する意味がありません。そこで重要となるのがセクションの活用です。ページが増えてきたら新しいセクションを作成し、あとから参照しやすい基準でページを分類しましょう。また、検索機能の使いこなしもポイントです。OneNoteでは、テキストで入力したメモはもちろん、画像内にある文字や、録音した音声に含まれる語句も検索して探し出すことができます。さらに、ノート シールとの組み合わせも効果的で、重要な情報には必ず何らかのノート シールを付けるようにすれば、［ノート シールを検索］ですばやくアクセスできます。

キーワードやノート シールからページを検索できる

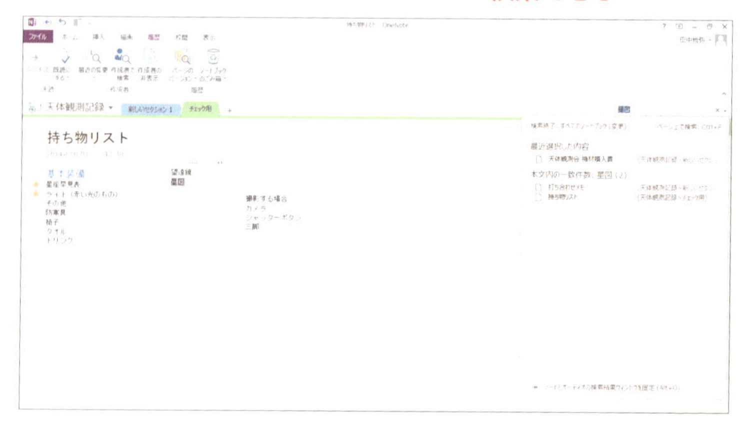

検索機能を使うと、テキストや画像、音声に含まれるキーワードや、メモに追加したノート シールを手がかりにして、以前に記録した情報を探せる。

第5章

スマートフォンやタブレットで使う

OneNoteは、Windowsタブレットや Windows 10 Mobileを搭載したスマートフォン、iPhoneとiPad、Androidスマートフォンにも対応しています。これらのモバイルデバイスと組み合わせて、外出先でも活用しましょう。

レッスン 34

Windowsタブレットでメモを確認するには

Windowsアプリでのメモの表示

Windows 8.1/10では、これまでに解説してきたデスクトップアプリのほかに、タッチ操作に最適化されたWindowsアプリのOneNoteを利用できます。

アプリの起動

1 Windowsアプリを起動する

Windows 10のタブレットでノートブックを表示する

スタートメニューを表示しておく

❶[OneNote]をタップ

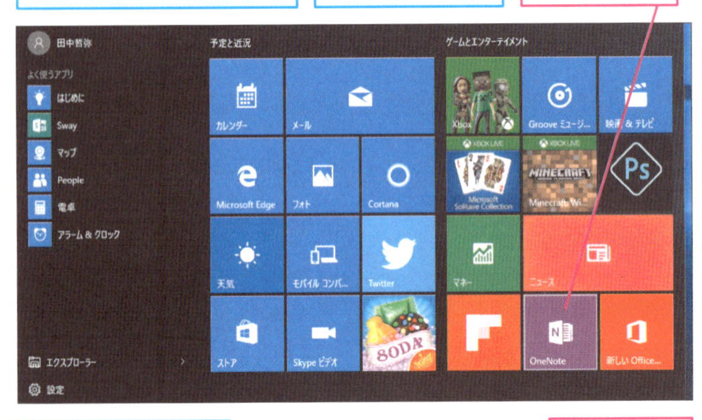

OneNoteの説明が表示された

❷ここを2回タップ

第5章 スマートフォンやタブレットで使う

2 OneNoteを使い始める

[○○さん、ノートを取りましょう！]が表示された

サインイン画面が表示された場合は、Microsoftアカウントでサインインする

[OneNoteの使用を開始]をタップ

メモの確認

3 ノートブックの一覧を表示する

OneNoteが起動し、ノートブックが表示された

[天体観測記録] ノートブックを確認する

ここをタップ

4 ノートブックを選択する

ナビゲーションが表示された

[その他のノートブック]をタップ

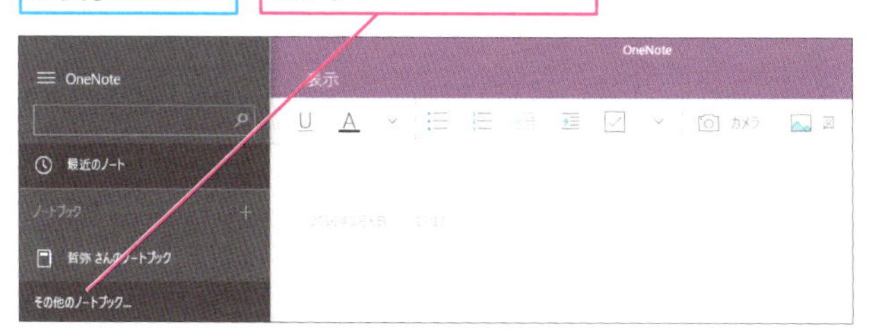

次のページに続く

5 一覧からノートブックを選ぶ

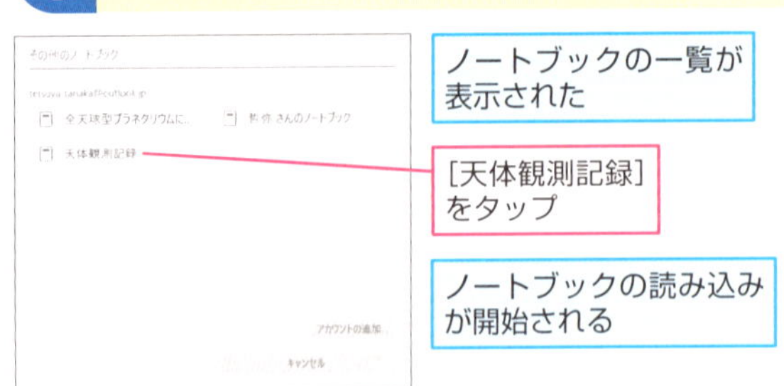

6 ノートブックが表示された

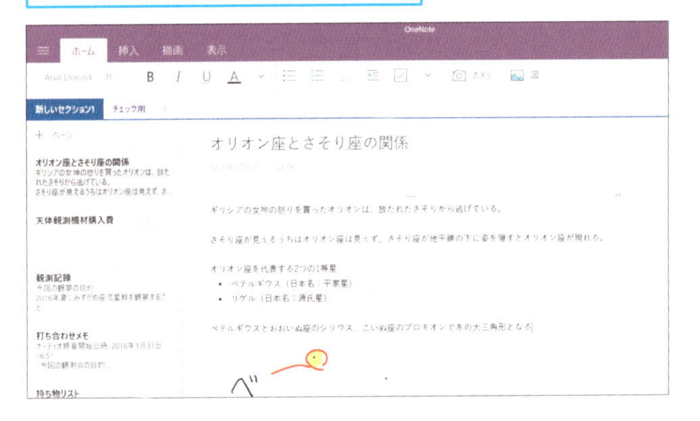

Point Windowsアプリとデスクトップアプリをうまく使い分けよう

WindowsアプリのOneNoteは、簡単なメモをとりたい、外出先でさっとメモを確認したいといったシーンで活用できます。ただし、WindowsアプリのOneNoteはデスクトップアプリに比べて使える機能が少ないので、必要に応じてデスクトップアプリを利用しましょう。

Hint!

ノートブックを手動で同期するには

手順3～4のようにナビゲーションを表示したあと、同期したいノートブックを長押しして［このノートブックの同期］をタップすると、ノートブックの同期が開始されます。これで、OneDriveとアプリで表示しているノートブックの内容が同じ状態になります。

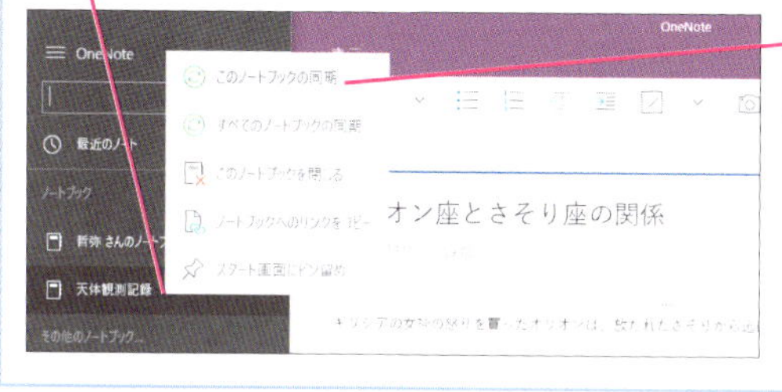

Hint!

スタート画面からすぐにページを開けるようにするには

WindowsアプリのOneNoteでは、ページをすぐに表示できるタイルをスタート画面（Windows 10では、スタートメニュー内のタイルが並んでいる部分）に追加できます。頻繁にメモを入力・編集するページは、この機能を利用してすぐに表示できるようにしておくといいでしょう。

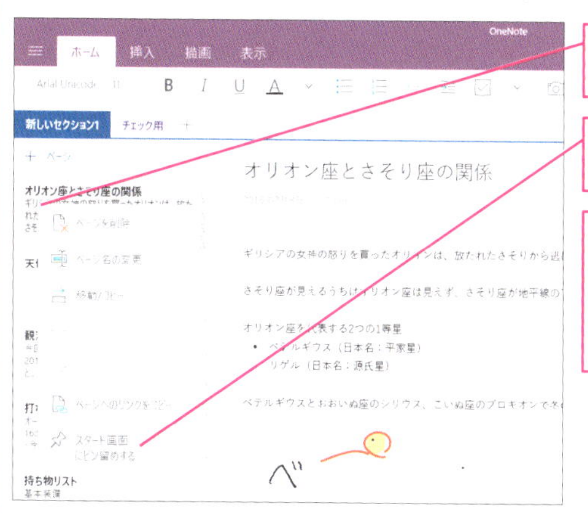

レッスン 35

Windowsタブレットでメモをとるには

Windowsアプリでのメモの作成

WindowsアプリのOneNoteを使って、メモを作成してみましょう。タブレットを使う最大のメリットと言える、タッチ操作での手書き入力についても解説します。

文字の入力

1 文字を入力したい場所を指定する

メモをとりたいページを表示しておく

文字を入力したい場所をタップ

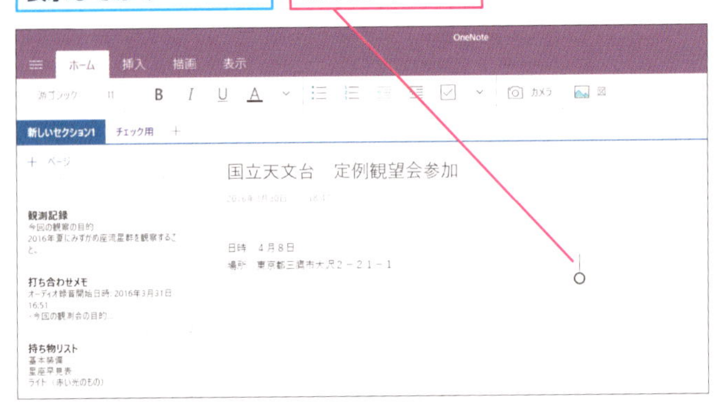

Hint!

画面の表示倍率を切り替えるには

タブレットの画面やメモの内容によっては、ページを拡大・縮小したほうが見やすいでしょう。［表示］タブにある［画面表示縮小］と［画面表示拡大］をタップすると、表示倍率を変更できます。［100%］をタップすると、元の表示に戻ります。

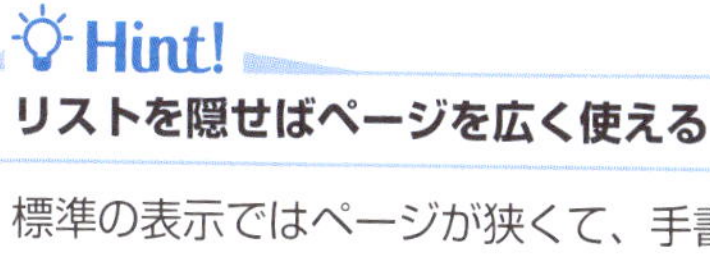

リストを隠せばページを広く使える

標準の表示ではページが狭くて、手書きのメモを入力しにくい場合は、ページのリストを隠してページの表示領域を広げましょう。

❶[表示]タブをタップ

❷[ページのリストを隠す]をタップ

ページのリストが非表示になった

再度[ページのリストを隠す]をタップすると元の表示に戻る

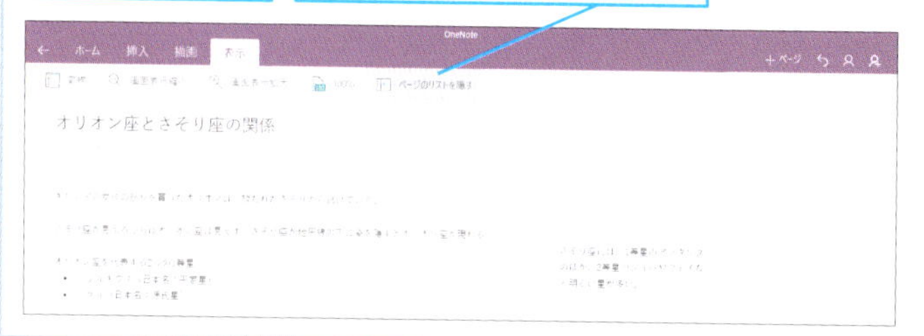

2 文字を入力する

キーボードが表示された

文字を入力

ノート コンテナーが作成された

ここをタップするとキーボードが非表示になる

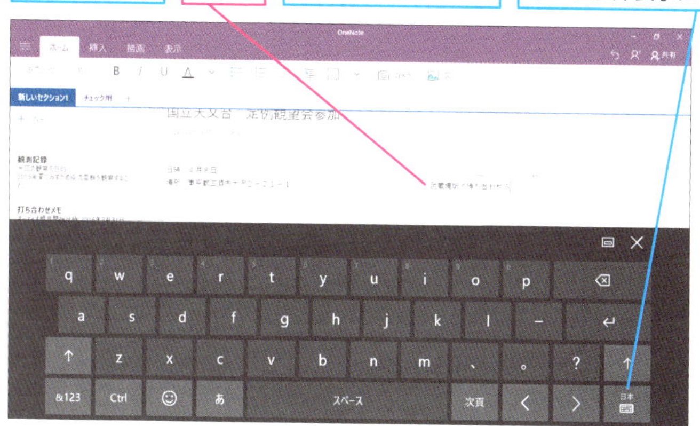

次のページに続く

手書きでの入力

3 手書き入力モードに切り替える

手書きでメモを取りたいページを表示しておく

❶[描画]タブをタップ

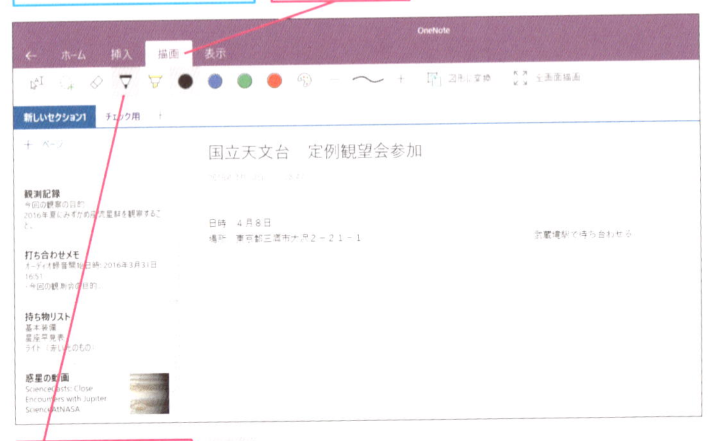

❷[ペン]をタップ

4 手書きで図形や文字を入力する

手書き入力モードに切り替わった

指で画面をなぞって図形や文字を書く

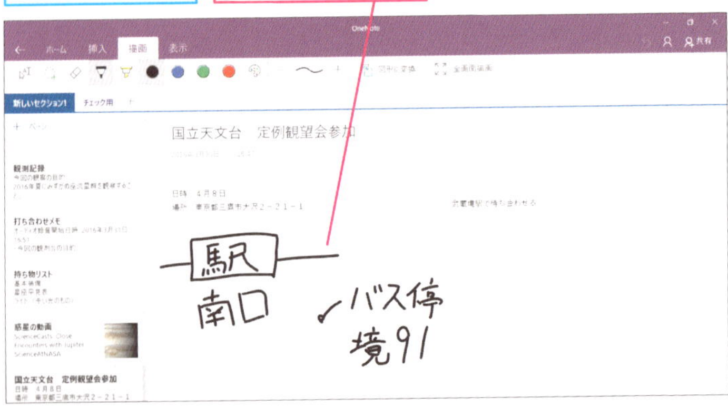

Hint!
間違って手書きした内容を消すには

[描画] タブの中にある [消しゴム] をタップし、[消しゴム (中)] または [消しゴム(ストローク)] のいずれかをタップして間違った部分を指でなぞると、手書きしたメモを消去できます。[消しゴム (中)] はなぞった部分だけを消去し、[消しゴム (ストローク)] はなぞった線全体を消去します。

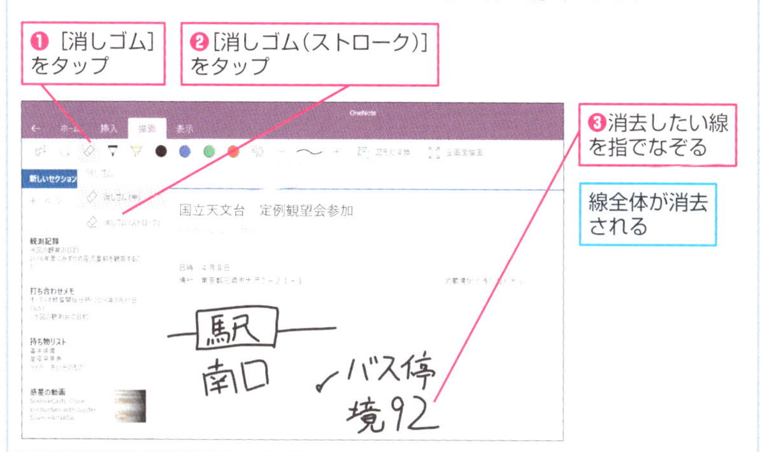

5 ペンの色や太さを変更する

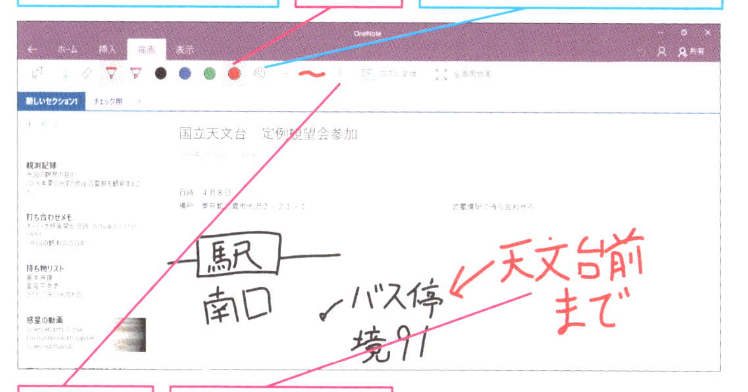

次のページに続く

6 蛍光ペンで線を引く

重要な部分を［蛍光ペン］で目立たせる

❶［蛍光ペン］をタップ

❷指で画面をなぞって線を引く

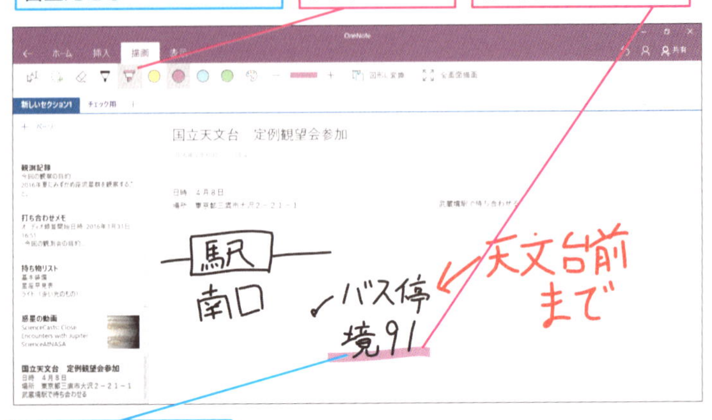

蛍光ペンで書いた線は半透明で表示される

7 手書き入力モードを終了する

［オブジェクトの選択またはテキストの入力］をクリック

手書き入力モードが終了する

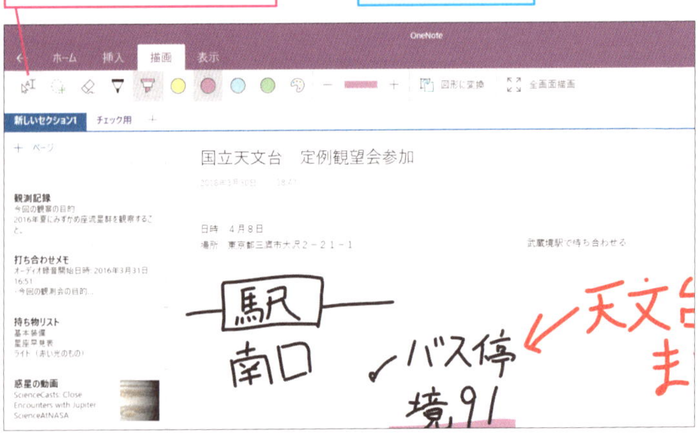

Hint!

丸や四角形をきれいに手書きするには

[図形に変換]は手書きした内容を自動的に認識し、きれいな図形として描画する機能です。丸や三角形、四角形をできるだけ正確に描きたい場面で便利です。

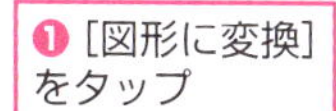

❷指で画面をなぞって図形を描く

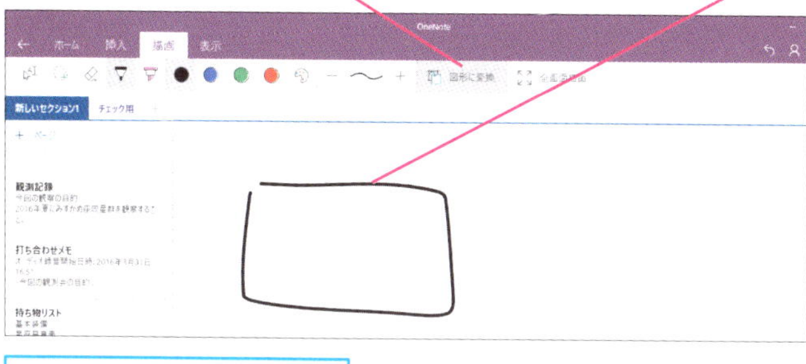

四角形がきれいに描画された

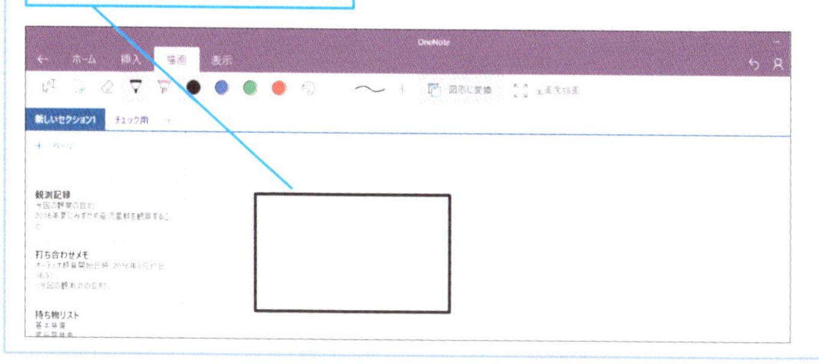

Point スムーズな手書き入力ができるタブレットとOneNoteの組み合わせ

Windowsアプリの最大の特徴は、タブレットの魅力を生かした手書き入力機能です。会議や打ち合わせの場で、図表やイラストなどをさっと描きたいときに大いに役立ちます。手書き入力を利用する機会が多いときは、Windowsタブレットの導入を検討しましょう。

レッスン 36

Windows 10 Mobileでメモを確認するには

Windows Phoneアプリでのメモの表示

マイクロソフトのスマートフォン向けOSであるWindows 10 Mobileでも、OneNoteを利用可能です。OneDrive上のノートブックを開き、ページを参照する方法を解説します。

アプリの起動

1 Windows Phoneアプリを起動する

スタートメニューを表示しておく

❶[OneNote]をタップ

❷画面を左に3回スワイプ

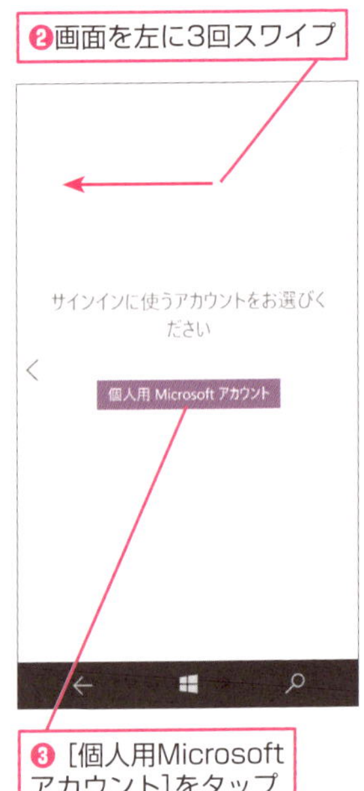

❸[個人用Microsoftアカウント]をタップ

Hint!

Windows 10 Mobileとは?

マイクロソフトが開発した、スマートフォンおよび画面が8インチ未満のタブレット向けの最新OSが「Windows 10 Mobile」です。パソコン向けのWindows 10と同じプラットフォームで開発されており、パソコンと同様の操作感で使えます。同じアプリをパソコンとスマートフォンの双方で利用できるUWP（Universal Windows Platform）という仕組みがあり、OneNoteもUWPアプリとして提供されています。

Hint!

ノートブックを手動で同期するには

ほかのデバイスで作成したメモが反映されていない、あるいはWindows 10 Mobileで作成したメモを確実にOneDriveに反映したい場合は、以下の手順でノートブックの同期を実行します。

同期させたいノートブックを表示しておく

❶ここをタップ

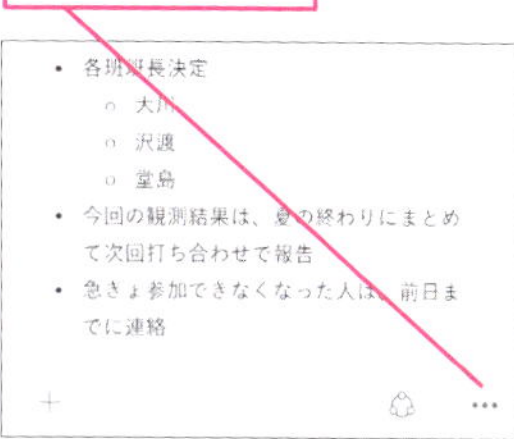

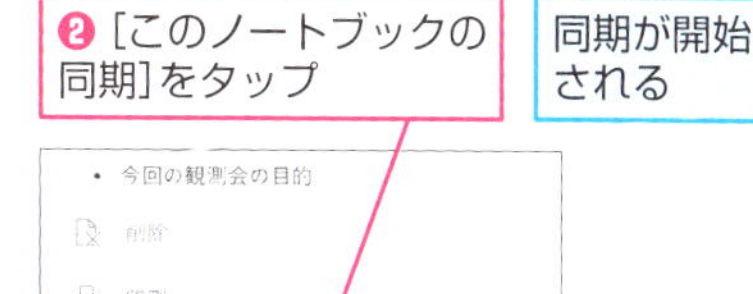

❷［このノートブックの同期］をタップ

同期が開始される

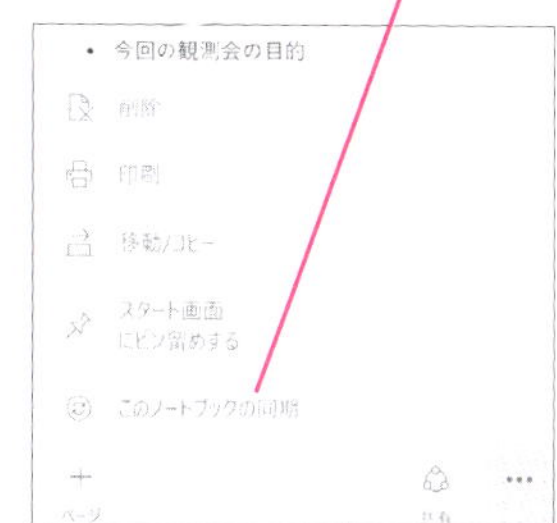

2 OneNoteの使用を開始する

［○○さん、ノートを取りましょう！］が表示された

サインイン画面が表示された場合は、Microsoftアカウントでサインインする

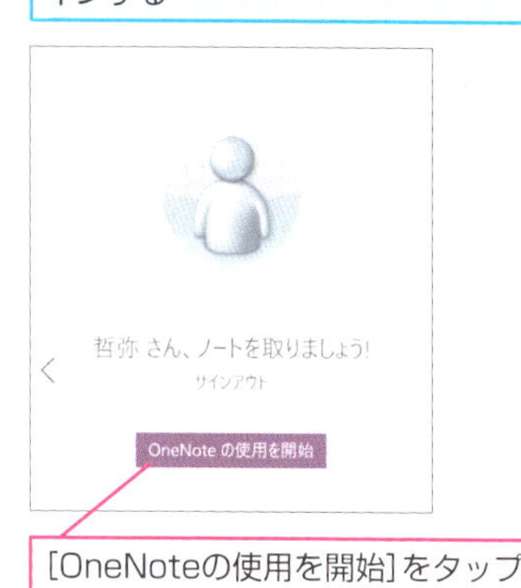

［OneNoteの使用を開始］をタップ

ノートブックの読み込みが開始される

3 ノートブックの読み込みが完了した

ノートブックが読み込まれ、［最近のノート］が表示された

次のページに続く

メモの確認

4 ノートブックの一覧を表示する

[天体観測記録]ノートブックの[打ち合わせメモ]ページを確認する

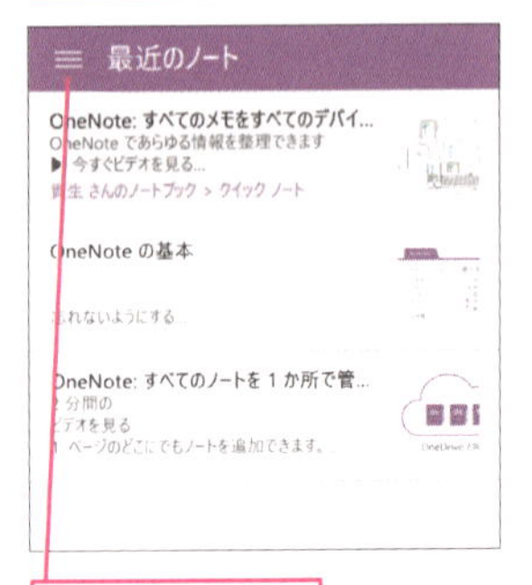

❶ここをタップ

ナビゲーションが表示された

❷[その他のノートブック]をタップ

5 ノートブックを開く

ノートブックの一覧が表示された

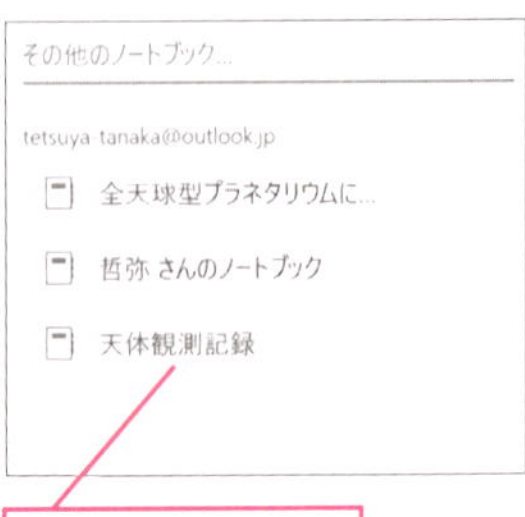

[天体観測記録]をタップ

6 ページを表示する

セクションが読み込まれ、セクションとページが表示された

ここでセクションを切り替えられる

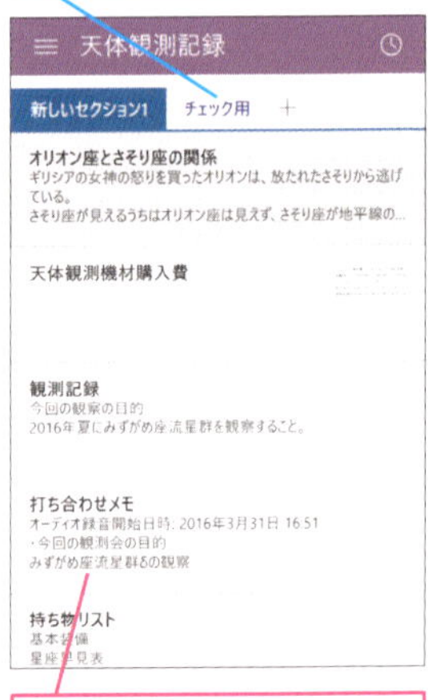

[打ち合わせメモ]をタップ

7 メモを確認する

ページが表示された

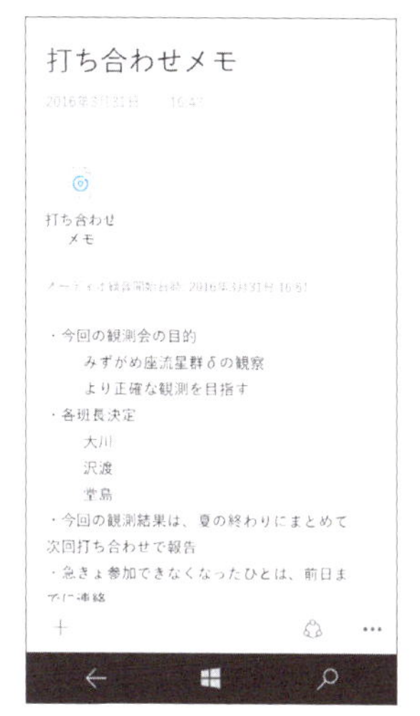

メモを確認できる

Hint! ページを削除するには

手順6にあるセクションとページの一覧で、削除したいページを長押しするとメニューが表示されます。ここで［ページを削除］をタップすると、ページが削除されます。

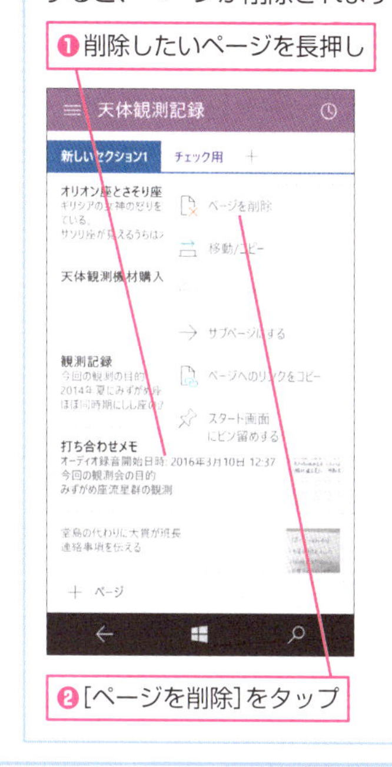

Point Windows 10の使いやすさをスマホでも

Windows 10 Mobileはスマートフォンに最適化されたWindows 10であり、パソコンと同様の操作感を実現しているのが特徴です。OneNoteも画面の大きさが違うためインターフェースは異なりますが、基本的な使い方に大きな差はありません。このため、パソコンのOneNoteに慣れていれば、Windows 10 Mobileでも戸惑うことなく使えるでしょう。

レッスン 37

Windows 10 Mobileでメモをとるには

Windows Phoneアプリでのメモの作成

Windows 10 MobileのOneNoteでは、キーボードによる文字の入力はもちろん、スマートフォンが内蔵しているカメラで撮影した内容をメモに貼り付けることもできます。

文字の入力

1 文字を入力したい場所を選択する

メモをとりたいページを表示しておく

文字を入力したい場所をタップ

2 OneNoteの使用を開始する

カーソルとキーボードが表示された

文字を入力

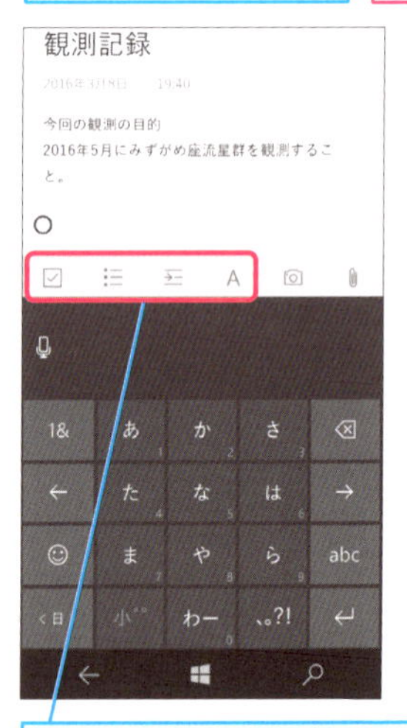

メニューのアイコンをタップすると、タスク ノート シールを挿入したり、メモの書式を設定したりできる

第5章 スマートフォンやタブレットで使う

Hint!

Microsoft Edgeで閲覧しているWebページを保存できる

Windows 10 Mobileでは、Microsoft EdgeからWebページをOneNoteに保存できます。アプリを切り替えずに、すばやく記録することが可能です。

保存したいWebページをMicrosoft Edgeで表示しておく

❶ここをタップ

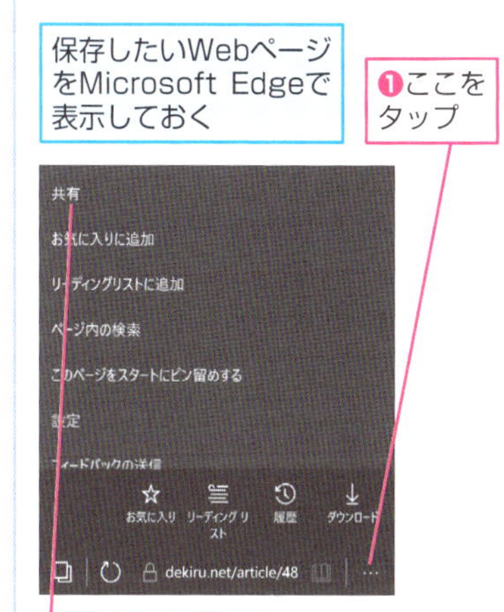

❷[共有]をタップ

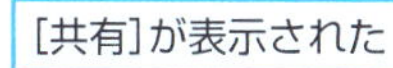

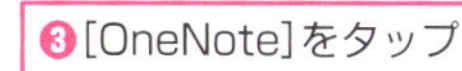

❹[送信]をタップ

OneNoteに保存される

3 文字の入力を終了する

文字を入力できた

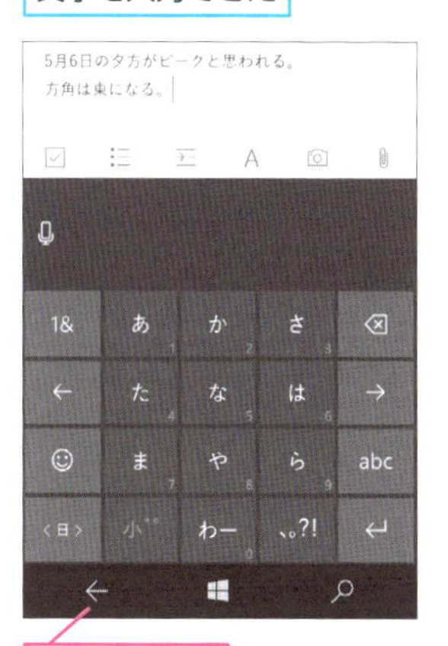

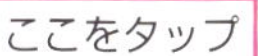

4 入力した文字を確認する

カーソルとキーボードが非表示になった

文字の入力が終了した

写真の挿入

5 カメラを起動する

Windows 10 Mobileで写真を撮影し、ページに挿入する

カーソルとキーボードを表示しておく

❶ここをタップ

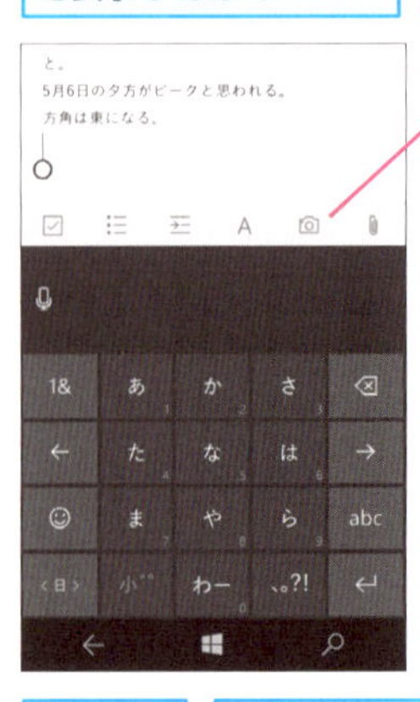

カメラが起動した

紙のメモを撮影する

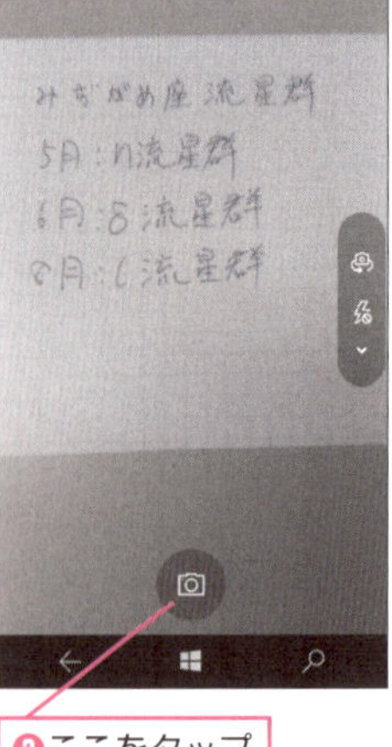

❷ここをタップ

6 写真を撮影する

写真が撮影され、プレビューが表示された

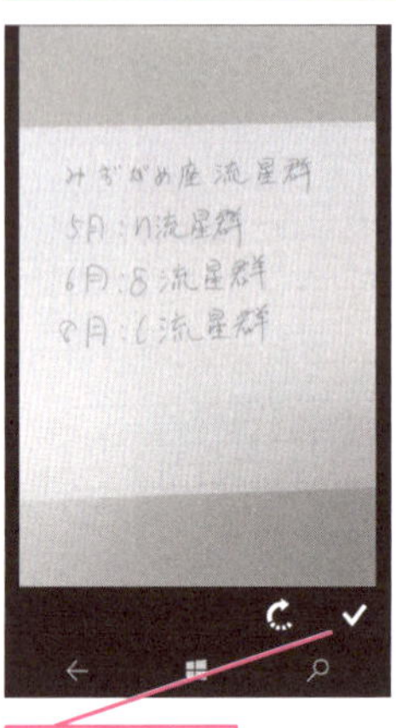

ここをタップ

撮影した写真がページに挿入された

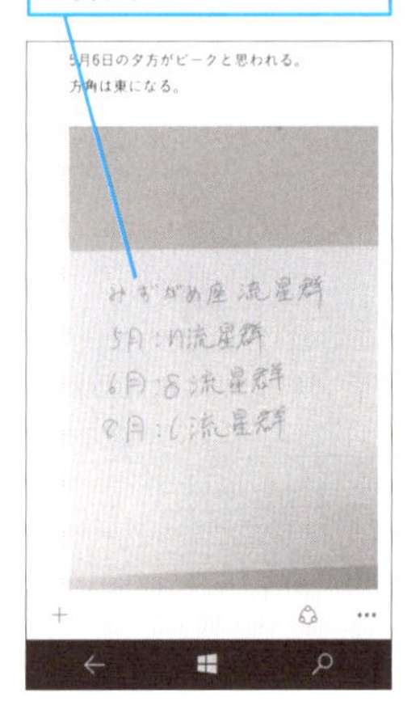

第5章 スマートフォンやタブレットで使う

スキャンアプリ「Office Lens」も活用しよう

Windows 10 Mobileには「Office Lens」というアプリがあり、[ストア]アプリから無料でインストールできます。Office Lensを使ってホワイトボードや紙の書類、名刺などの写真を撮影すると、ゆがみや画質の補正などが自動的に行われ、内容を読みやすくした上でOneNoteに保存することが可能です。OneNoteのアプリと組み合わせて活用しましょう。

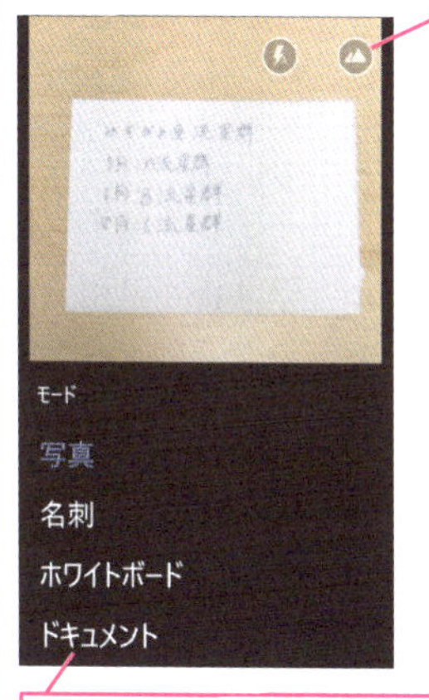

❷[ドキュメント]をタップして写真を撮影

❸OneNoteの保存場所を選択

❹ここをタップ

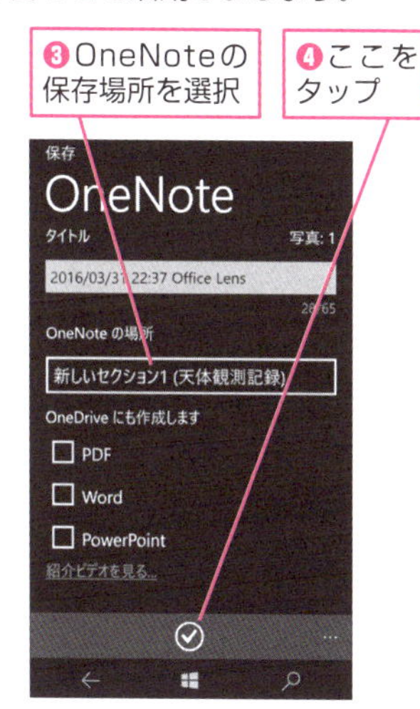

撮影した写真がOneNoteに保存される

Point ほかのアプリと連携して活用する

Windows 10 MobileのOneNoteは、単体でメモを作成するだけでなく、Microsoft EdgeやOffice Lensと組み合わせることで、幅広い使い方が可能になります。外出中にWindows 10 Mobileで見たWebページを記録したいとき、あるいは会議などでホワイトボードや紙の書類の内容を記録したいなど、用途に合わせてほかのアプリと組み合わせて使いましょう。

レッスン 38

iPhoneでメモを確認するには

iPhoneアプリでのメモの表示

アップルのiPhone向けにもOneNoteのアプリが提供されており、OneDrive上のノートブックの表示と編集が可能です。まずは、メモを表示する手順を確認しましょう。

アプリの起動とサインイン

1 iPhoneアプリを起動する

付録3を参考に、iPhoneアプリをインストールしておく

ホーム画面を表示しておく

❶[OneNote]をタップ

OneNoteが起動した

❷ [サインイン]をタップ

2 サインインする

[サインイン]が表示された

❶Microsoftアカウントを入力

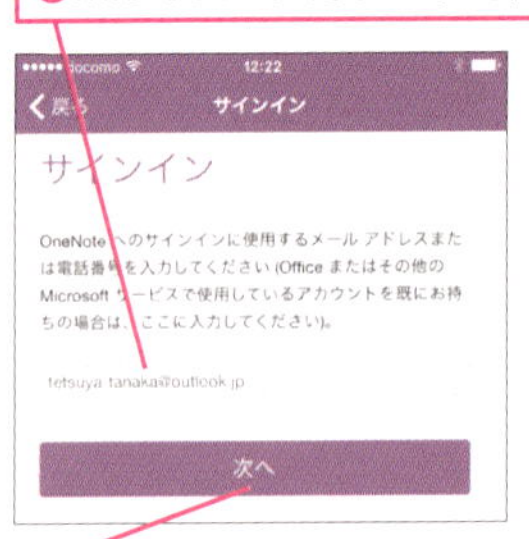

❷[次へ]をタップ

❸パスワードを入力

❹[サインイン]をタップ

Hint! ノートブックを手動で同期するには

ほかのデバイスで作成したメモがiPhoneアプリに反映されていない場合や、iPhoneでとったメモを確実に同期しておきたい場合は、以下の手順で同期を実行しましょう。画面下部に表示されるメニューで［今すぐ同期］をタップすると、ノートブックの同期が始まります。

同期したいノートブックを表示しておく

❶ここをタップ

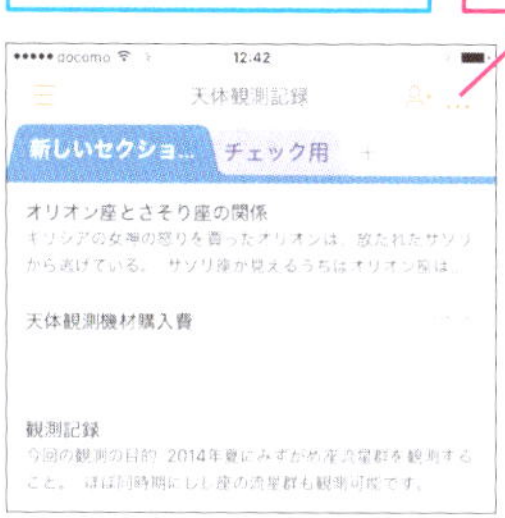

❷［今すぐ同期］をタップ

同期が開始される

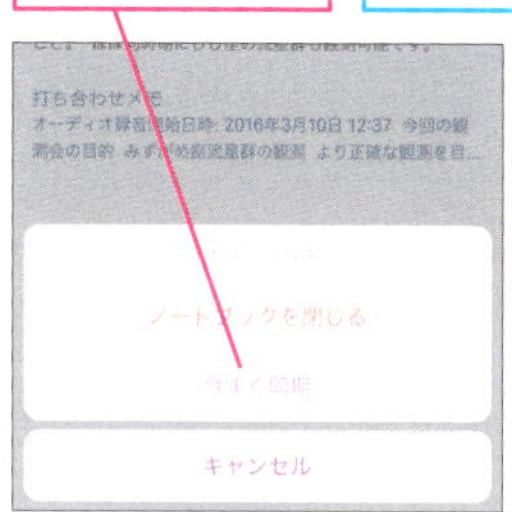

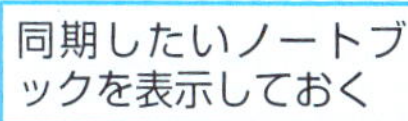

3 プッシュ通知を有効にする

［プッシュ通知の受け取り］が表示された

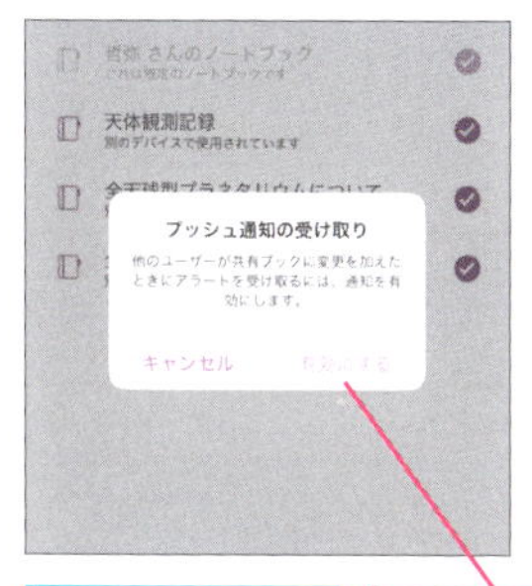

プッシュ通知を受け取る

❶［有効にする］をタップ

❷［"OneNote"は通知を送信します。よろしいですか？］と表示されたら［OK］をクリック

4 読み込むノートブックを選択する

［ノートブックの選択］が表示された

❶利用したいノートブックをタップしてチェックマークを付ける

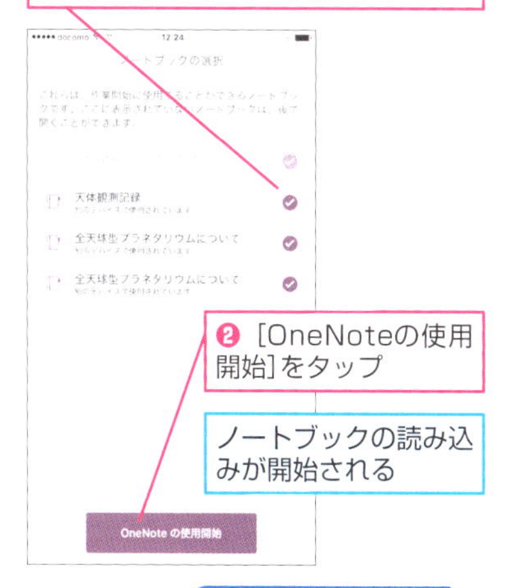

❷［OneNoteの使用開始］をタップ

ノートブックの読み込みが開始される

次のページに続く

メモの確認

5 ノートブックの一覧を表示する

[天体観測記録]ノートブックの[打ち合わせメモ]ページを確認する

ここをタップ

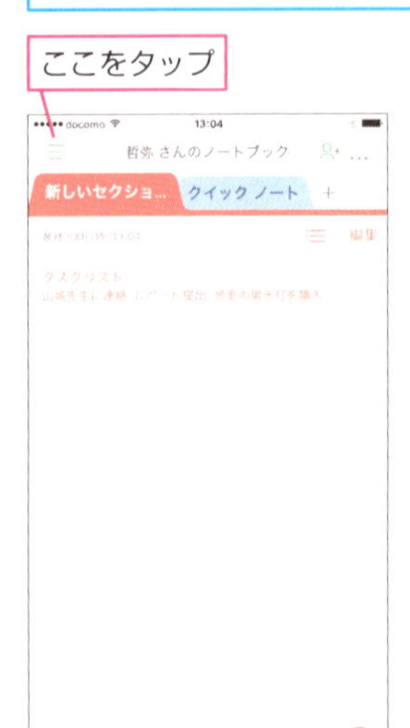

6 ノートブックを開く

ノートブックの一覧が表示された

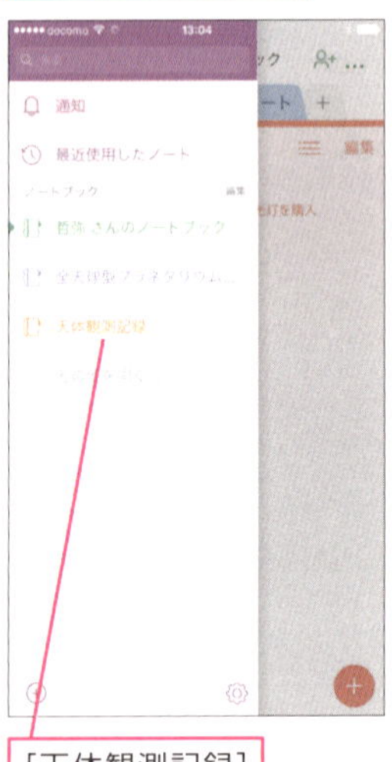

[天体観測記録]をタップ

Hint!

目的のノートブックが一覧に表示されないときは

一覧に表示されていないノートブックを開くには、画面左上にあるアイコン（☰）をタップしてノートブックの一覧を表示し、[その他を開く]をタップします。すると、OneDrive上にあるすべてのノートブックの一覧から、ノートブックを選択できます。

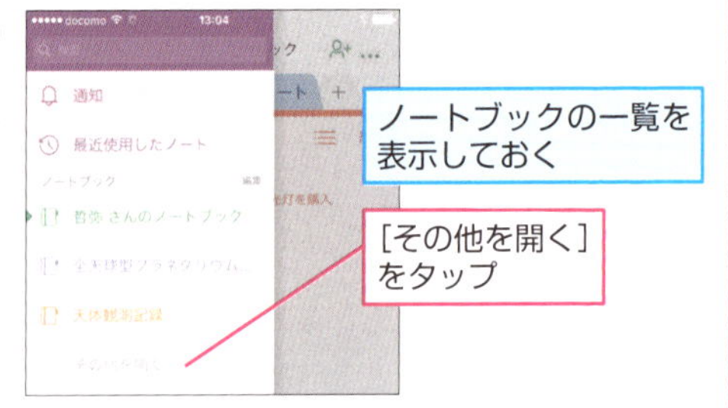

ノートブックの一覧を表示しておく

[その他を開く]をタップ

最近開いたノートブックやOneDriveに保存されているノートブックの一覧が表示される

7 ページを表示する

ノートブックが読み込まれ、セクションとページが表示された

セクションの一覧は左右にスワイプしてスクロールできる

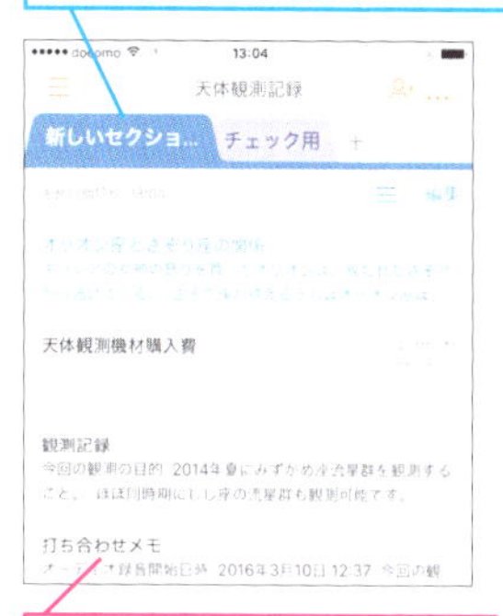

[打ち合わせメモ]をタップ

8 メモを確認する

ページが表示された

メモを確認できる

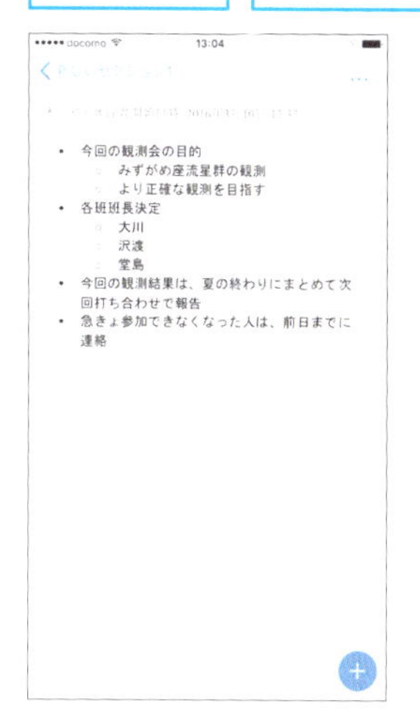

Hint! ページを削除するには

手順7の画面にあるセクションとページの一覧で、削除したいページを左へスワイプすると、[削除] が表示されます。これをタップすれば、ページが削除されます。

❶削除したいページを左へスワイプ

❷[削除]をタップ

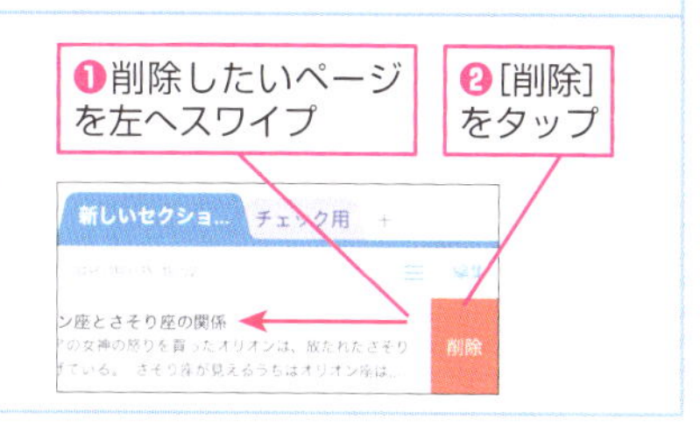

Point iOSに最適化されたOneNoteを活用しよう

iPhone向けのOneNoteは、iOSの標準的なユーザーインターフェースに沿って作られています。Windowsパソコンなどで入力し、OneDriveを介して同期したメモを、iPhoneのほかのアプリと同様の操作方法で参照・編集できるのが魅力です。

レッスン 39

iPhoneでメモをとるには

iPhoneアプリでのメモの作成

iPhoneアプリのOneNoteでは、キーボードを使ってページに文字を入力できるほか、iPhoneが内蔵するカメラで撮影した写真を挿入することもできます。

文字の入力

1 文字を入力したい場所を選択する

メモをとりたいページを表示しておく

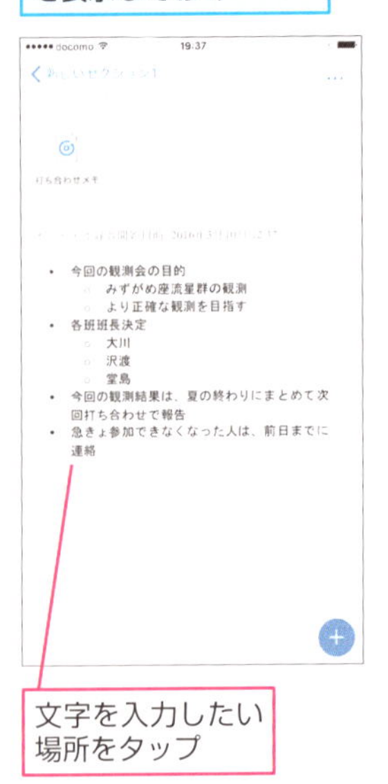

文字を入力したい場所をタップ

2 文字を入力する

カーソルとキーボードが表示された

文字を入力

メニューのアイコンをタップすると、タスク ノート シールを挿入したり、メモの書式を設定したりできる

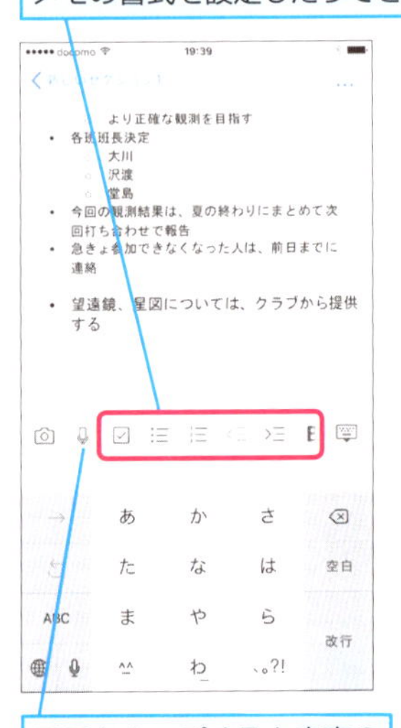

ここをタップすると音声の録音を開始できる

第5章 スマートフォンやタブレットで使う

Hint!

ページを追加するときに種類を選べる

iPhone用のOneNoteでは、新しいページを作るときに［写真］と［一覧］、［ノート］のいずれかから選択できます。［写真］ではカメラで撮影した写真を貼り付けるページ、［一覧］はタスクを登録するページを作成できます。通常のページを作成する場合は［ノート］をタップします。

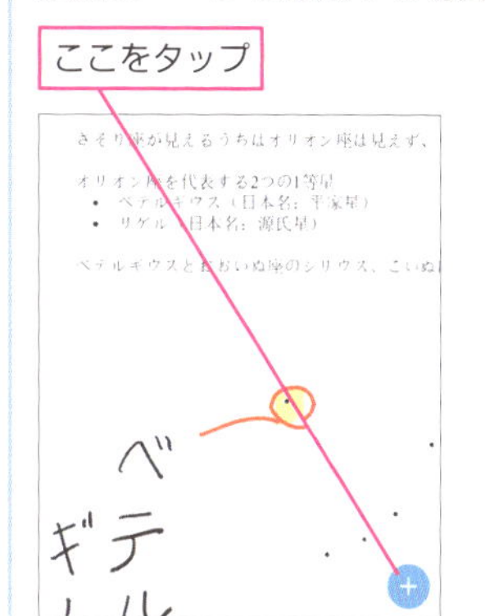

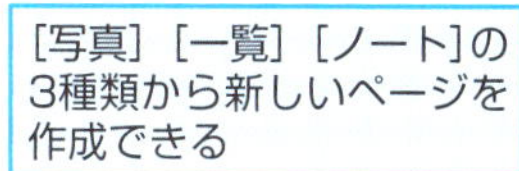

3 文字の入力を終了する

文字を入力できた

ここをタップ

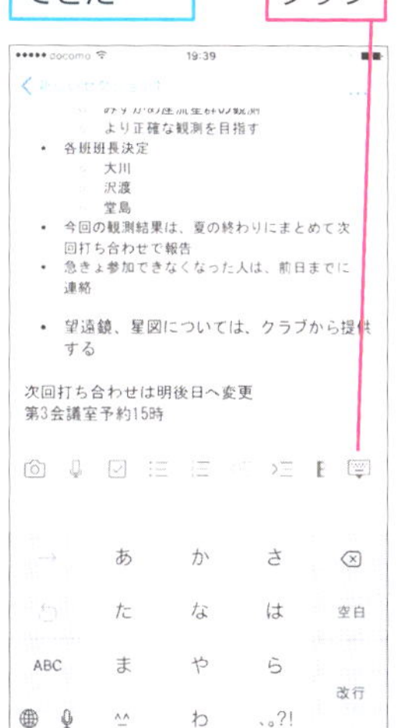

4 入力した文字を確認する

カーソルとキーボードが非表示になった

文字の入力が終了した

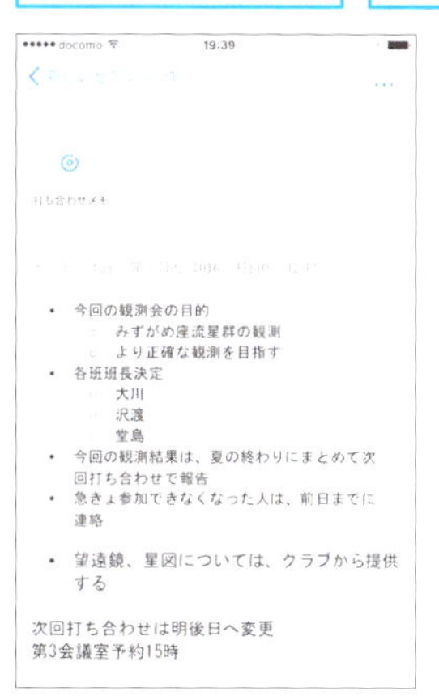

次のページに続く

写真の挿入

5 カメラを起動する

iPhoneで写真を撮影し、ページに挿入する

カーソルとキーボードを表示しておく

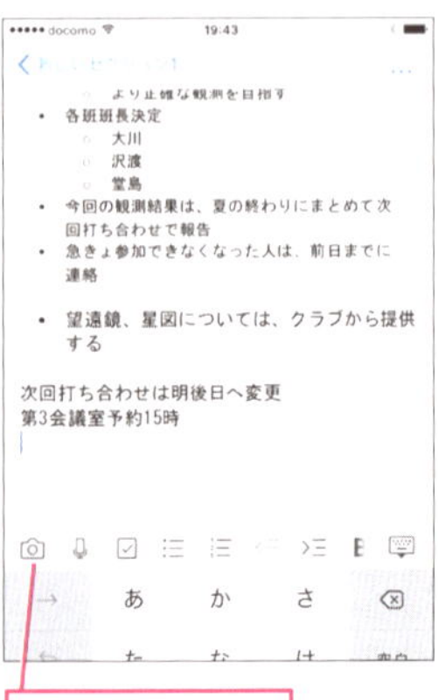

❶ここをタップ

[図の挿入]が表示された

❷[画像撮影]をタップ

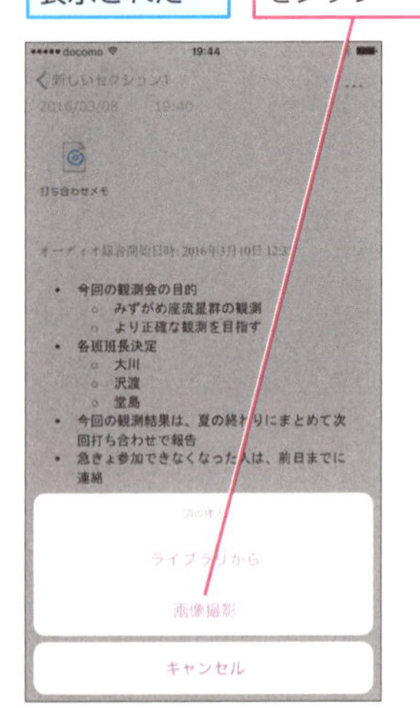

6 写真を撮影する

カメラが起動した

紙のメモを撮影する

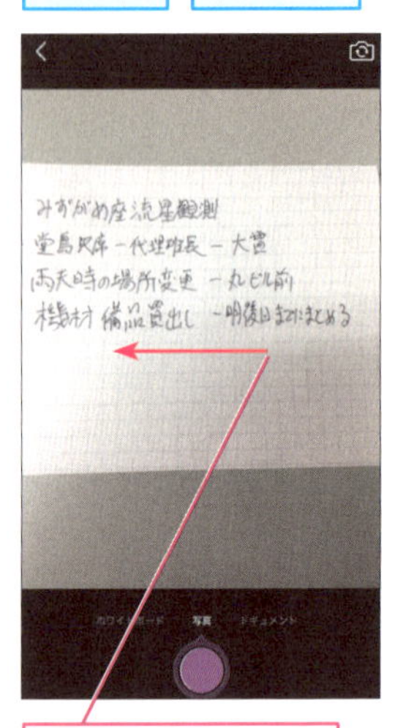

❶画面を左へスワイプ

[ドキュメント]が選択された

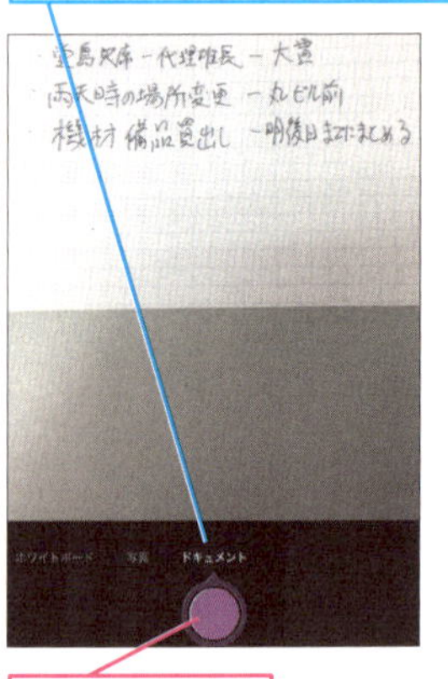

❷ここをタップ

7 写真を挿入する

写真が撮影され、文字などが読みやすく補正された

❶ここをタップ

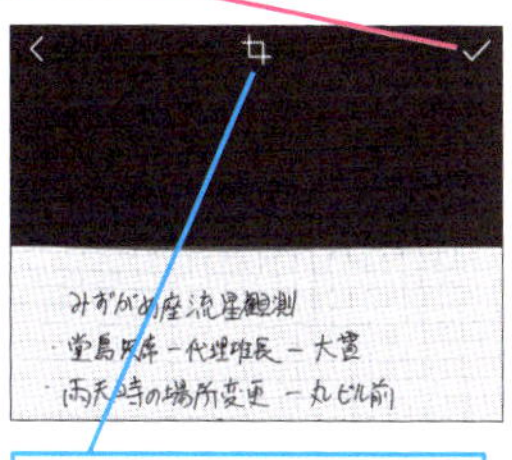

ここをタップすると写真をトリミングできる

❷［"OneNote"が写真へのアクセスを求めています］と表示されたら［OK］をタップ

8 写真が挿入された

撮影した写真がページに挿入された

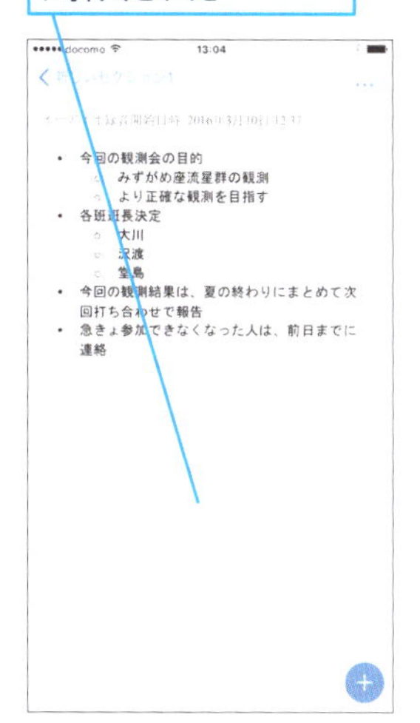

ホワイトボードや紙の書類を撮影して自動補正できる

iPhoneアプリのOneNoteには、155ページで解説した「Office Lens」の機能が組み込まれています。ホワイトボードや書類などを撮影する際、手順6の画面で［ホワイトボード］あるいは［ドキュメント］を選択すると、ゆがみや画質の補正、トリミングが自動的に行われます。会議などでホワイトボードに板書された内容を記録しておきたい、といった場面で便利です。

Point 紙に書いたメモも手軽にデジタル化できる

iPhoneの画面はタブレットなどと比べて小さいため、キーボードですばやく多くの文字を入力するのは難しいかもしれません。そこでおすすめなのが、ひとまず紙に手書きでメモを作成し、それをiPhoneのカメラで撮影してOneNoteに取り込む方法です。手書きのメモもデジタル化してしまえば、いつでも参照できます。

レッスン 40

iPadでメモを確認するには

iPadアプリでのメモの表示

アップルのタブレットであるiPad向けのOneNoteは、iPadの美しい画面に最適化されたインターフェースとなっており、メモの内容を快適に参照できます。

このレッスンは動画で見られます　操作を動画でチェック！▶▶▶ ※詳しくは6ページへ

アプリの起動とサインイン

1 iPadアプリを起動する

OneNoteのiPadアプリをインストールしておく

ホーム画面を表示しておく

❶[OneNote]をタップ

❷[サインイン]をタップ

2 サインインする

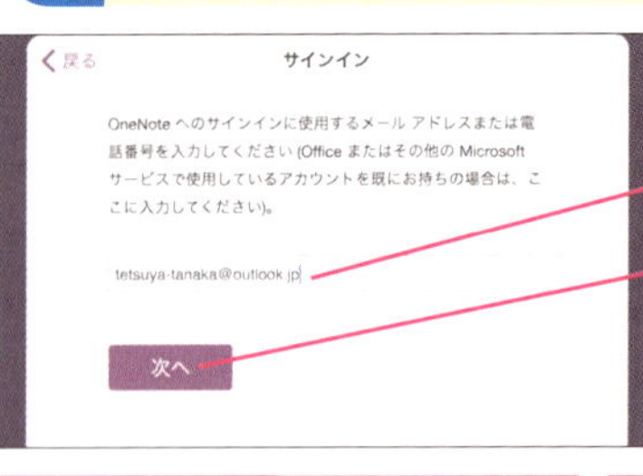

[サインイン]が表示された

❶Microsoftアカウントを入力

❷[次へ]をタップ

❸パスワードを入力して[サインイン]をタップ

❹[プッシュ通知の受け取り]が表示されたら[有効にする]をタップ

❺["OneNote"は通知を送信します。よろしいですか？]と表示されたら[OK]をタップ

第5章 スマートフォンやタブレットで使う

Hint!

オフラインでページを編集した場合は

インターネットに接続されていないオフラインの状態でも、開いた状態のノートブックを編集できます。オフラインで編集した内容は、インターネットに接続された状態で再度、アプリを起動したタイミングで自動的に同期が行われます。

3 ノートブックの一覧が表示された

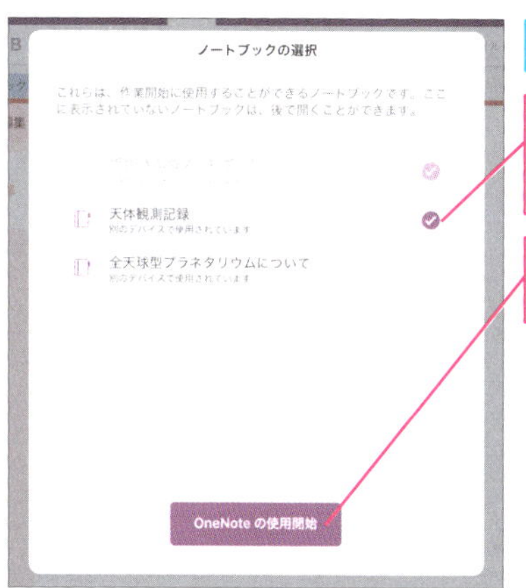

[ノートブックの選択]が表示された

❶利用したいノートブックをタップしてチェックマークを付ける

❷[OneNoteの使用開始]をタップ

4 ノートブックの読み込みが完了した

ノートブックが読み込まれた

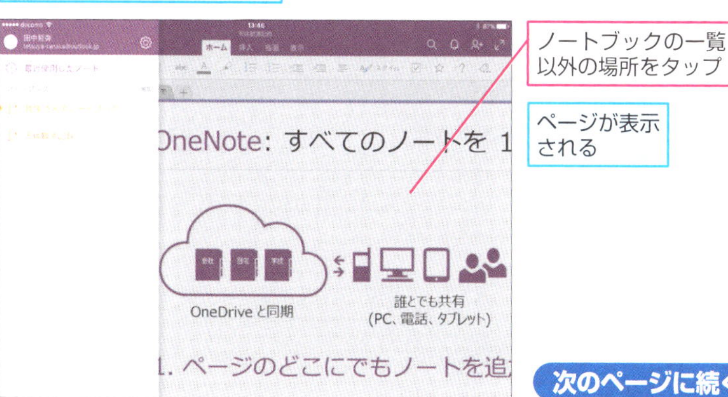

ノートブックの一覧以外の場所をタップ

ページが表示される

次のページに続く

メモの確認

5 ノートブックを開く

[天体観測記録] ノートブックの [天体観測機材購入費] ページを確認する

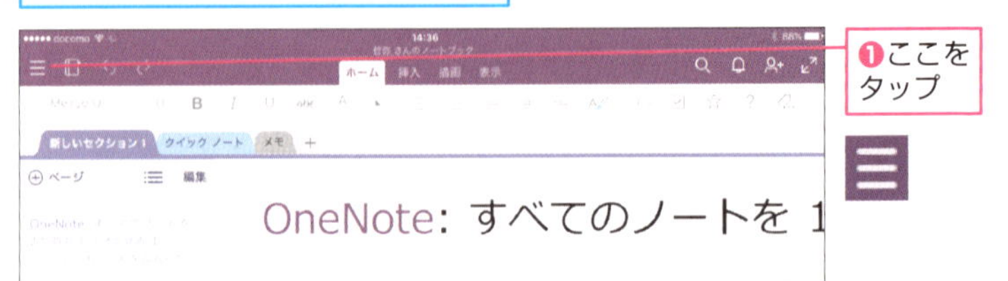

ノートブックの一覧が表示された

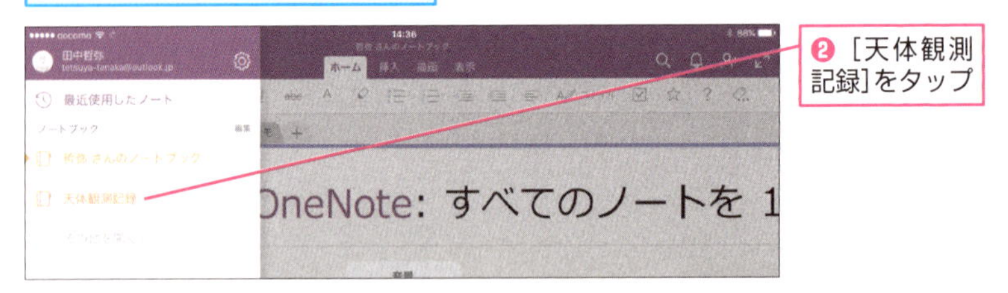

6 ページを表示する

ノートブックが読み込まれ、セクションとページが表示された

セクションの一覧はスワイプしてスクロールできる

[天体観測機材購入費]をタップ

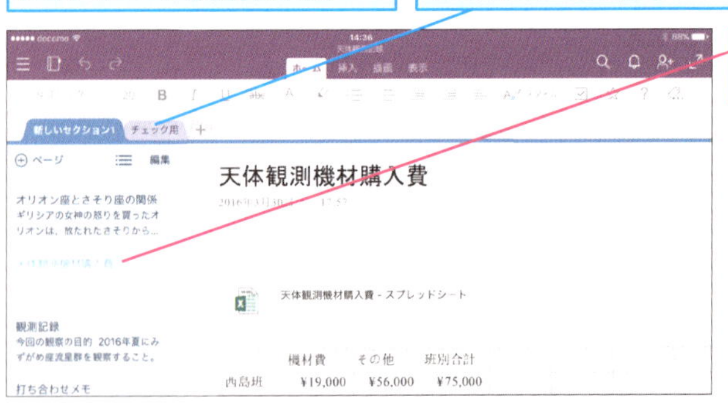

ページが表示され、メモを確認できる

Hint!

ページを全画面表示にするには

iPadアプリでは、画面右上にあるアイコン（![icon]）をタップすると、セクションとページの一覧が非表示になります。内容を多く書き込んであるページを表示したときや、複数人で画面を見るときなどに便利です。なお、リボンは現在選択しているタブをタップすると非表示にできます。また、ページ上でピンチアウト／ピンチインすると、内容の拡大／縮小が可能です。

全画面表示にしたいページを表示しておく

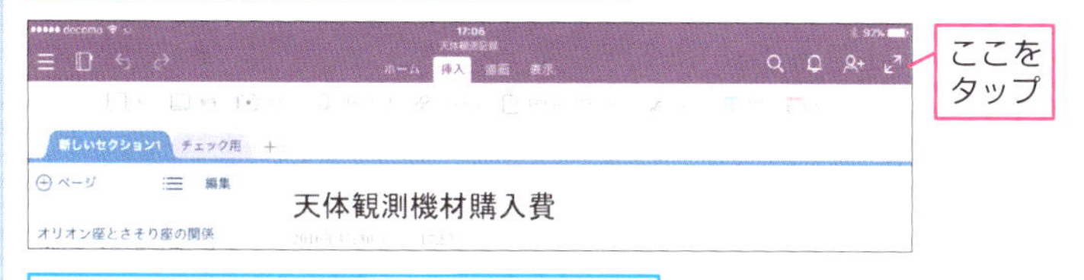

セクションとページの一覧が非表示になった

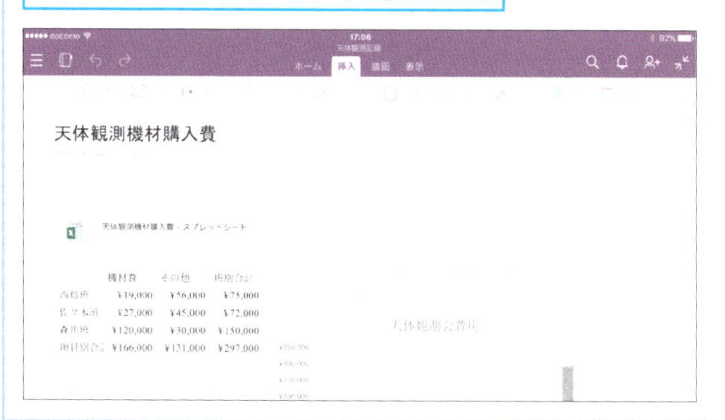

Point その場にいる人々との情報共有に最適

iPad ProやiPad Air、iPad miniで利用できるOneNoteは、インターフェースの美しさと操作の快適さから、プライベートやビジネスにおいて、みんなで画面を見ながら情報を共有する用途にぴったりです。手順6や上記のHint!の画面のように、Excelの表もそのまま表示できます。ほかの人と一緒にページを見るときは、全画面表示も活用しましょう。

レッスン
41

iPadでメモをとるには

iPadアプリでのメモの作成

iPadアプリのOneNoteでは、メモの作成に便利なさまざまな機能を手軽に利用できます。ここでは、ノート シールや手書き機能を使ってメモをとる方法を解説します。

このレッスンは動画で見られます　操作を動画でチェック！▸▸▸
※詳しくは6ページへ

メモの入力

1 タスク ノート シールを挿入する

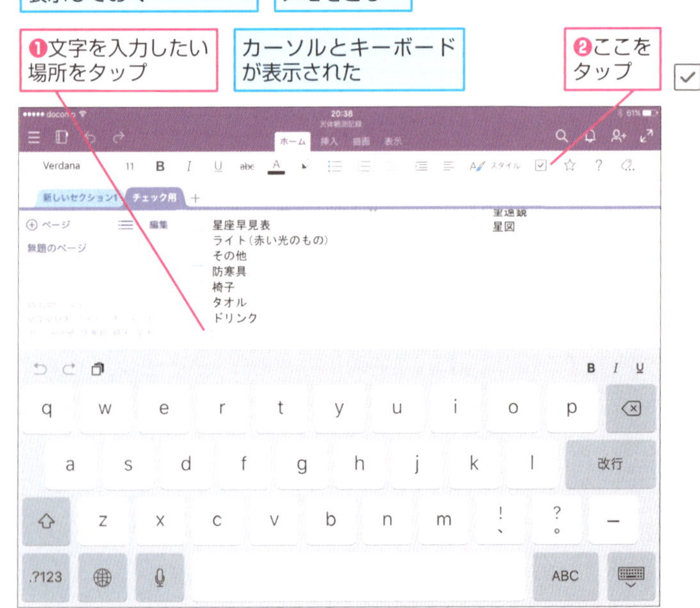

第5章 スマートフォンやタブレットで使う

Hint!

セクションの名前を変更するには

セクションはページの上部に並んでいるタブをタップすれば切り替えられますが、表示しているセクションを再度タップすると、[削除][名前の変更][移動][パスワード]の4つの項目があるメニューが表示されます。[名前の変更]をタップすればセクション名を変更できます。なお、[移動]をタップするとセクションをほかのノートブックに移動でき、[パスワード]をタップするとパスワードでの保護が行えます。

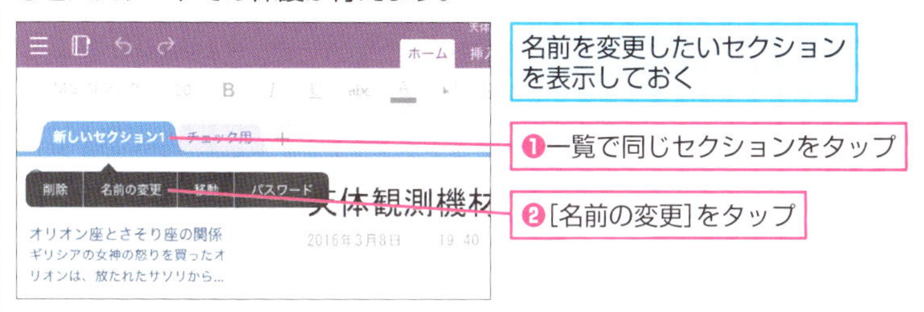

表の作成機能も用意されている

iPadアプリのOneNoteでは、iPhoneアプリやAndroidアプリでは行えない表の作成が可能です。[挿入]タブをタップすると表示される[表]アイコン(□表)をタップすると、新しい表を作成できます。

2 文字を入力する

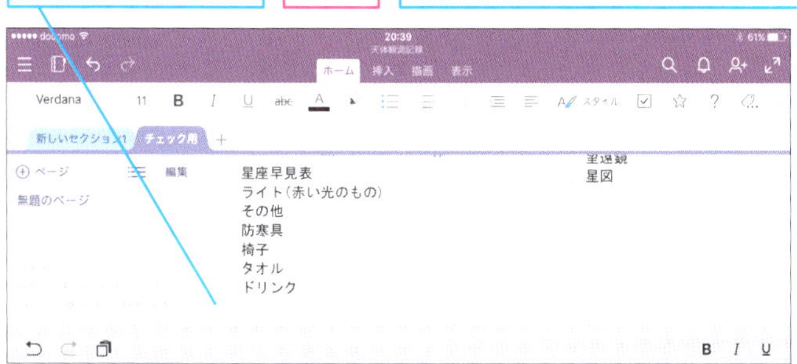

次のページに続く

3 文字の入力を終了する

ここをタップ

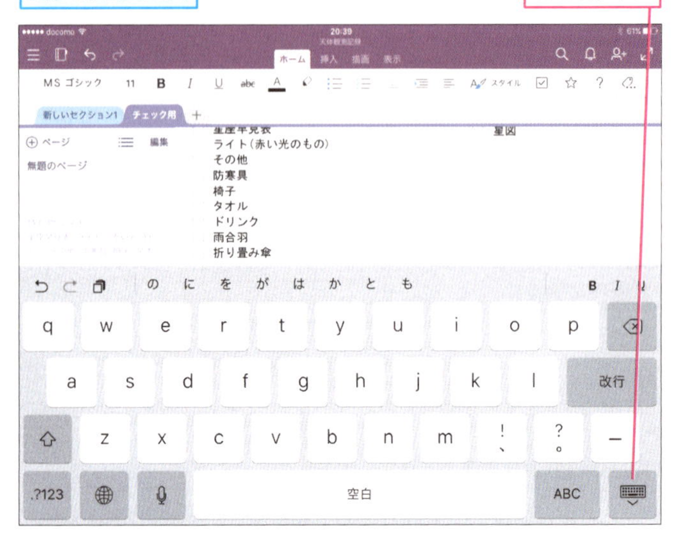

カーソルとキーボードが非表示になった

タスク ノート シールをタップすると、チェックマークが付く

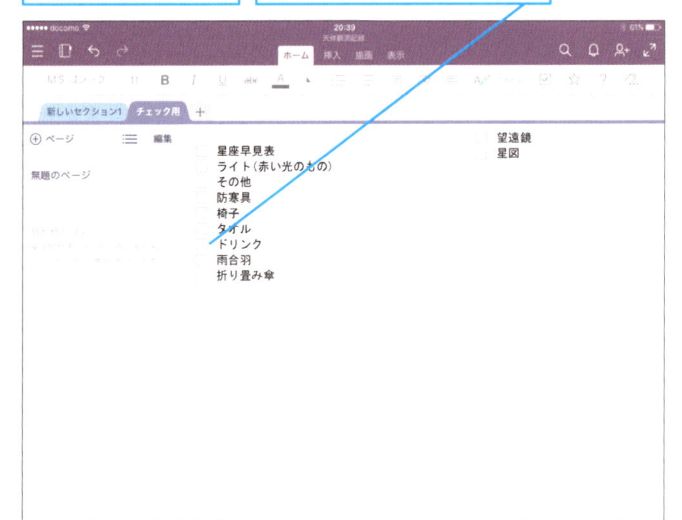

手書きでの入力

4 手書き入力モードに切り替える

手書きでメモをとりたいページを表示しておく

❶［描画］タブをタップ

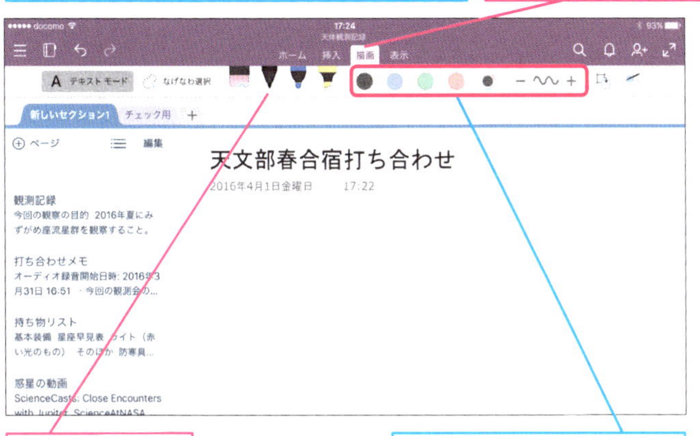

❷［ペン］をタップ

ここで色や太さを調整できる

5 手書きで文字を入力する

手書き入力モードに切り替わった

指で画面をなぞって文字を書く

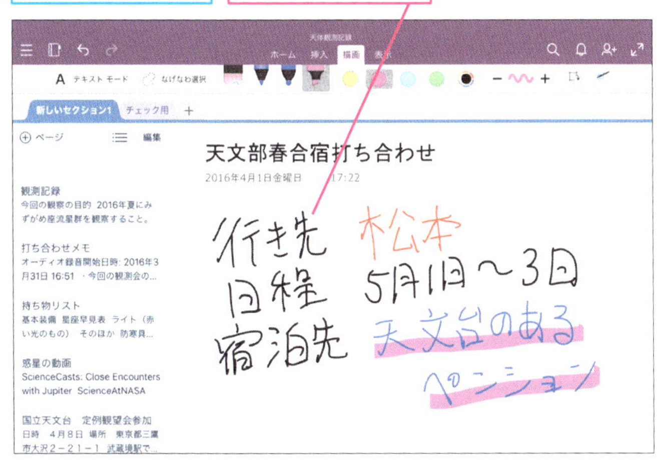

6 図形をきれいに変換する

ページをスクロールして図形を描く

❶2本の指で画面を上にスワイプ

❷[図形に変換]をタップ

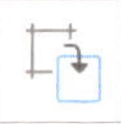

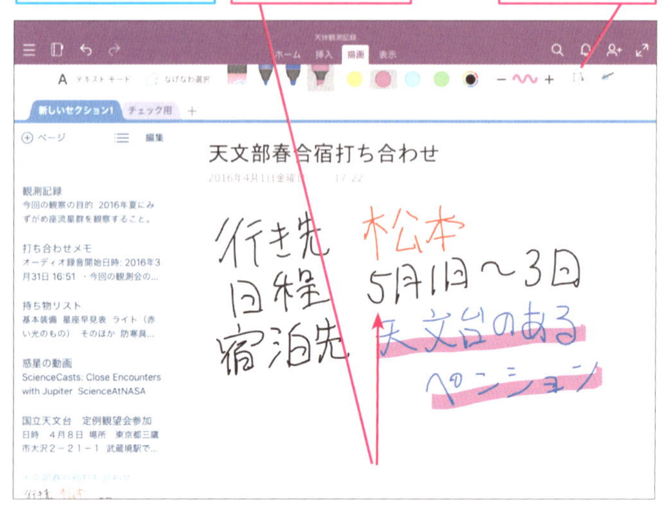

❸指で画面をなぞって図形を描く

図形がきれいに描画された

❹同様にほかの文字や図形を描く

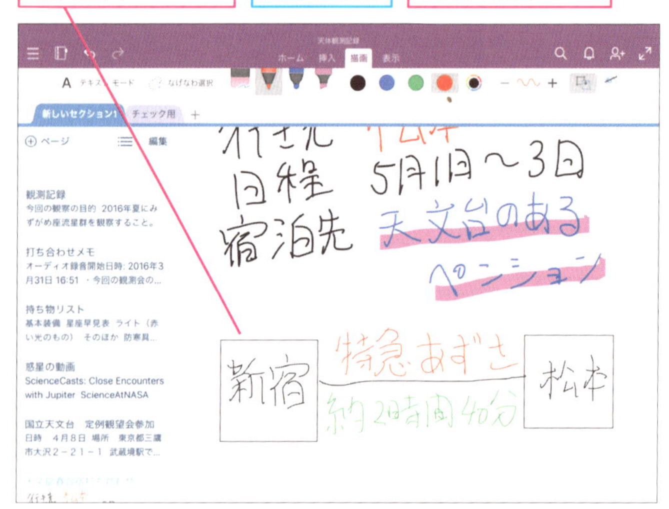

7 手書き入力モードを終了する

[テキスト モード]をタップ

手書き入力モードが終了する

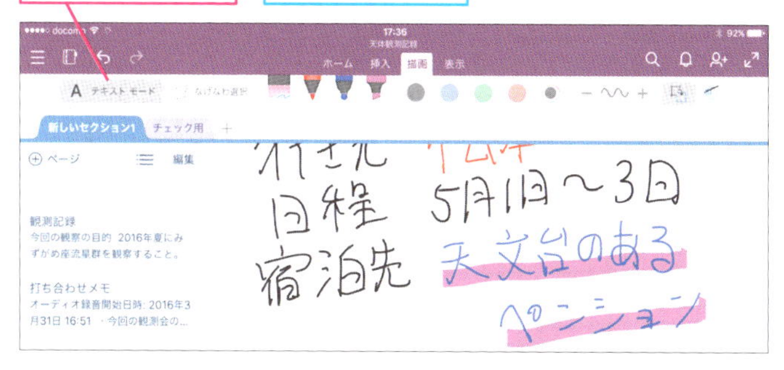

Hint!

Apple Pencilなどのスタイラスペンにも対応

iPadのOneNoteは、iPad Proで利用できるアップル製スタイラスペン「Apple Pencil」をはじめ、ペンを使った手書き入力も可能です。このとき、ペンの持ち方を設定することで描画内容が最適化されます。

ここをタップ

ペンの持ち方を設定できる

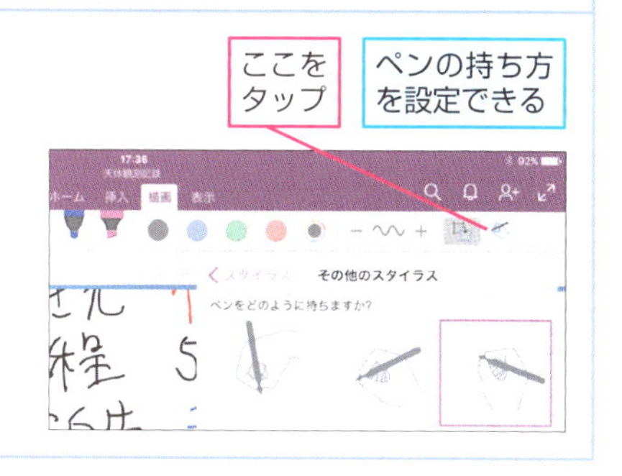

Point Windowsデスクトップアプリに近い豊富な機能をiPadで活用しよう

iPadアプリのOneNoteは、Windowsデスクトップアプリに近い感覚で、書式の変更や図表の挿入などの各種設定を操作できます。また、デスクトップアプリとほぼ同数となる27種類のノート シールを設定できるのも、スマートフォン向けのアプリにはない特徴です。iPadアプリで挿入できるノート シールは、[ホーム] タブのいちばん右にあるアイコン（ ）をタップして確認しましょう。

レッスン 42

Androidスマートフォンでメモを確認するには

Androidアプリでのメモの表示

OneNoteは、多くのスマートフォンやタブレットで採用されているAndroidでも利用できます。Androidスマートフォンでのサインインやメモの表示方法を確認しましょう。

アプリの起動とサインイン

1 Androidアプリを起動する

付録3を参考に、Androidアプリをインストールしておく

ホーム画面を表示しておく

[OneNote]をタップ

注意 Androidは機種によって一部の画面や操作方法が異なるため、ここで解説する手順と一致しない場合があります

2 サインイン画面を表示する

OneNoteが起動した

[サインイン]をタップ

Hint!

Androidでは便利なウィジェットが使える

Androidアプリをインストールすると、OneNoteのウィジェットをホーム画面に作成できます。ホーム画面から直接、音声の録音や新規ページの作成が行えるので、ぜひ活用しましょう。

3 サインインする

サインイン画面が表示された

❶Microsoftアカウントを入力

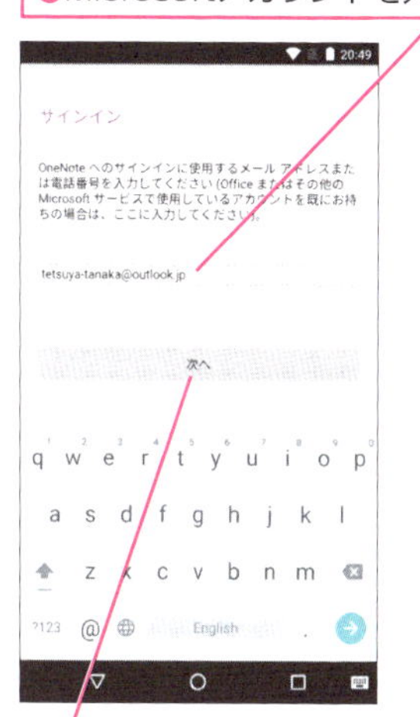

❷[次へ]をタップ

❸[パスワード]を入力

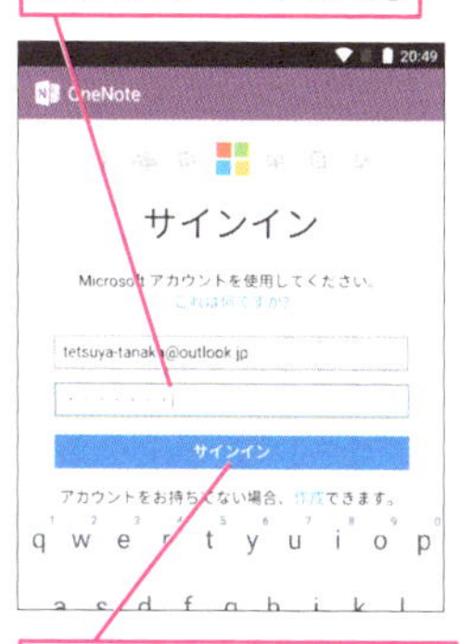

❹[サインイン]をタップ

ノートブックの読み込みが開始される

メモの確認

4 ノートブックの一覧を表示する

[○○さんのノートブック] の [クイック ノート] セクションが表示された

[天体観測記録]ノートブックの[打ち合わせメモ]ページを確認する

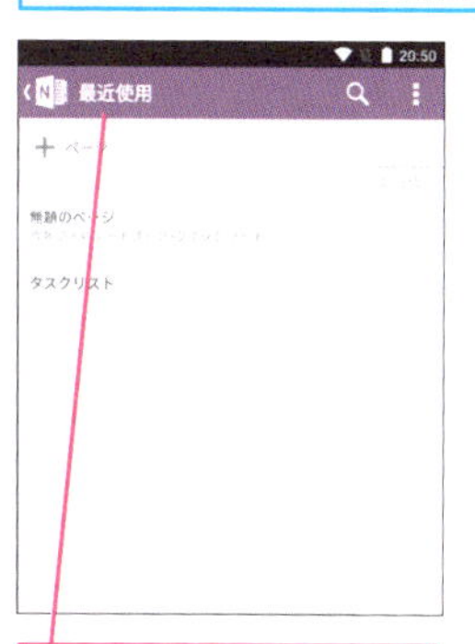

❶[最近使用]をタップ

ナビゲーションが表示された

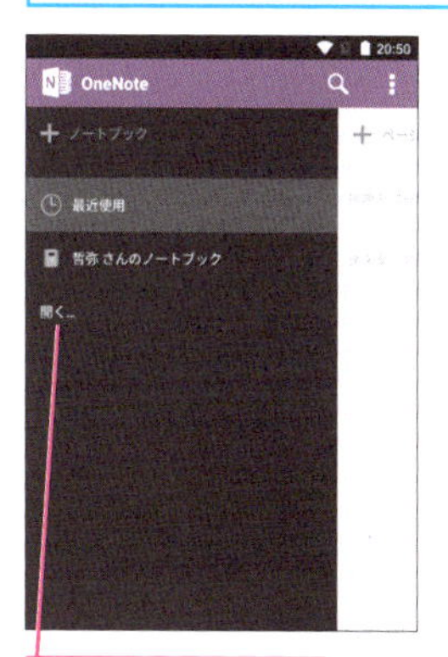

❷[開く]をタップ

次のページに続く

5 ノートブックを選択する

ノートブックの一覧が表示された

[天体観測記録]をタップ

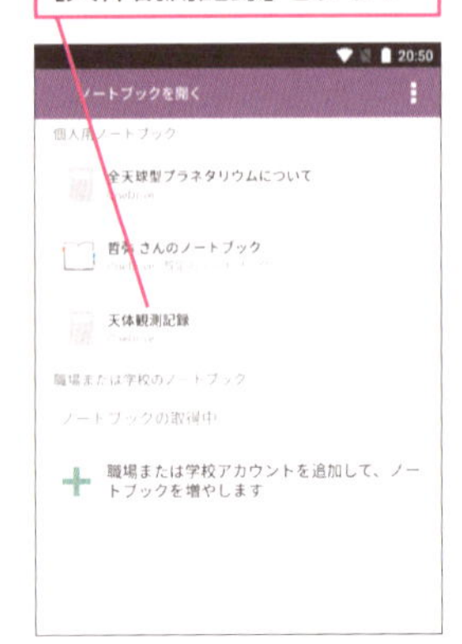

6 セクションを選択する

[天体観測記録] ノートブックが表示された

[新しいセクション1]をタップ

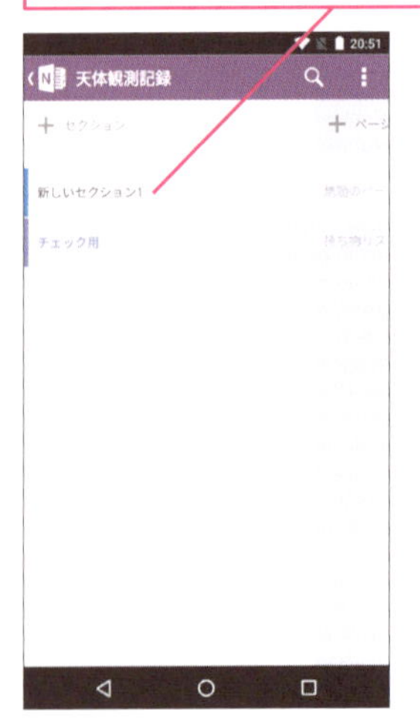

7 ページを表示する

セクション内のページの一覧が表示された

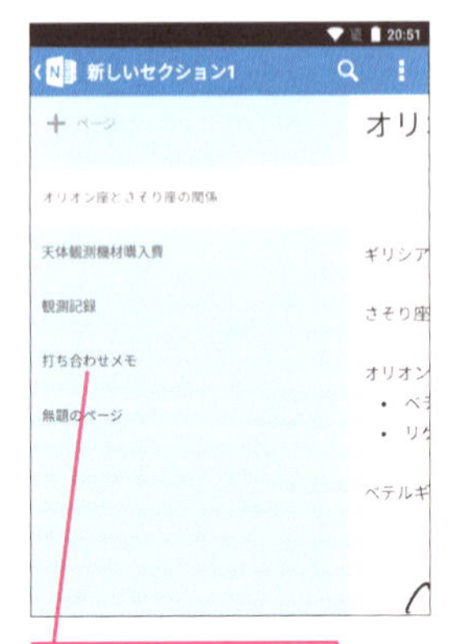

[打ち合わせメモ]をタップ

8 メモを確認する

ページが表示された

メモを確認できる

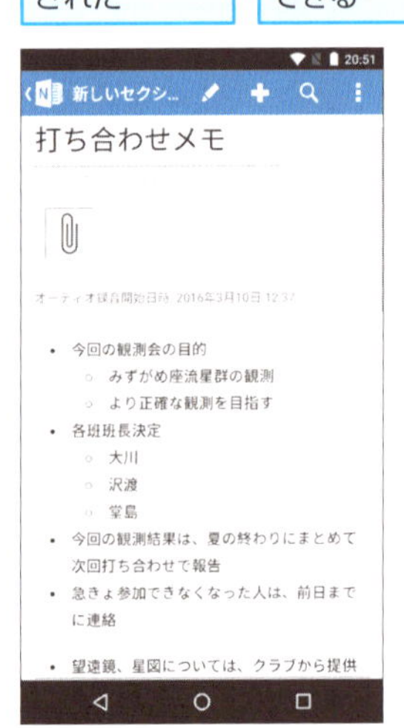

Hint! Androidでも手書き入力できる

Android向けのOneNoteは、スマートフォンでもWindowsタブレットやiPadと同様に手書きメモを作成できます。外出先で急いでメモを書きたい、文字だけでなく図形も使ってわかりやすいメモを作成したいなど、さまざまな場面で使えます。

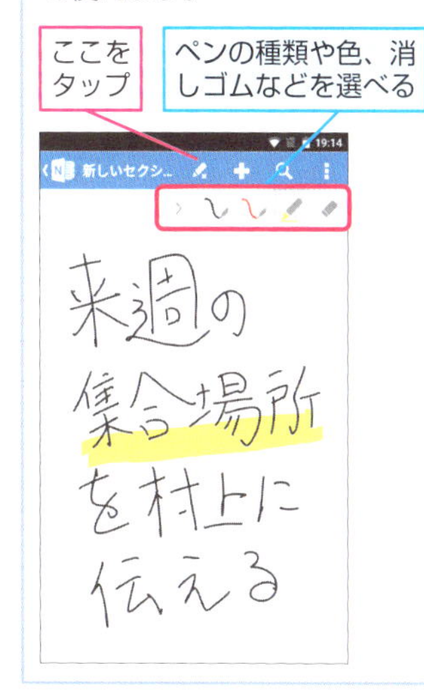

Hint! ページを手動で同期するには

最新の状態のページを読み込みたいときや、Androidスマートフォンで作成したメモを確実に同期しておきたいときは、以下の手順で同期しましょう。セクション単位で同期を実行できます。

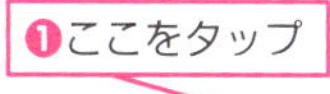

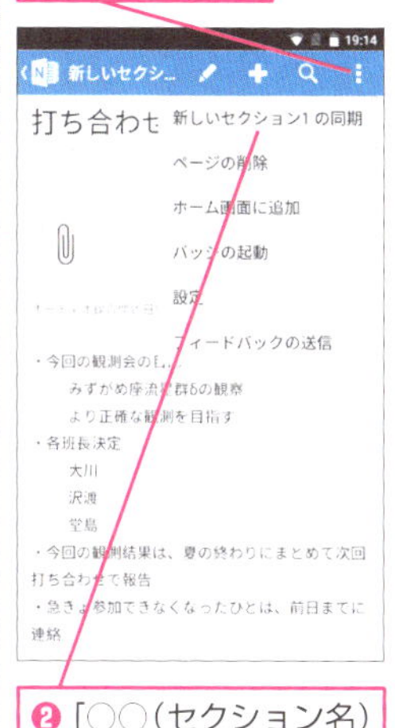

Point Androidスマートフォンの魅力である機種や通信プランの幅広さも楽しもう

Androidを採用したスマートフォンやタブレットは、数多くのメーカーや携帯電話キャリアから提供されています。最近では、いわゆる格安スマホと呼ばれるような、携帯電話キャリアの一般的なプランよりも低価格で利用できる機種も登場しています。ほかのデバイスと同期しながら使うOneNoteでは、より安く通信できるAndroidスマートフォンが魅力的となる場面も多いでしょう。

レッスン
43

Androidスマートフォンでメモをとるには

Androidアプリでのメモの作成

Androidアプリでは、iPhoneと同様に文字の入力、写真の挿入、音声の録音が行えるほか、OneNoteバッジという独自機能が用意されています。実際の操作を見てみましょう。

メモの入力

1 ページを追加する

OneNoteのアプリを起動しておく

新しいページを作成する

ここをタップ

2 メモを入力する

新しいページが作成された

カーソルとキーボードが表示された

文字を入力

ここをタップすると、カーソルとキーボードが非表示になる

Hint!

メモを検索するには

手順1の画面にある虫眼鏡のアイコン（🔍）をタップすると、検索画面に切り替わります。キーワードを入力すると、その内容を含むページの一覧が表示されます。

写真の挿入

3 写真を挿入する

カーソルとキーボードを表示しておく

スマートフォンで写真を撮影し、ページに挿入する

❶ここをタップ

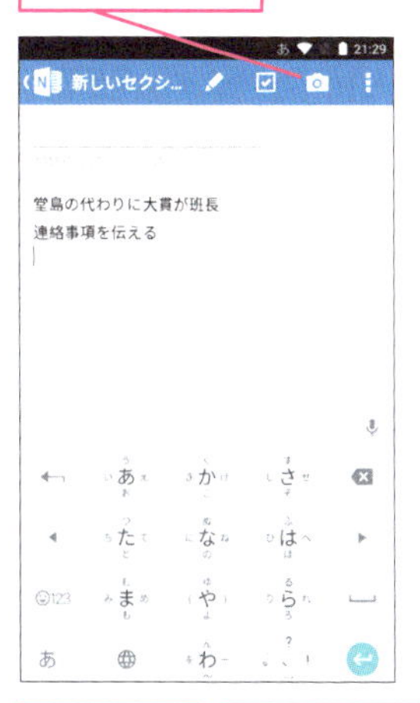

[挿入]が表示された

❷ [写真を取り込む]をタップ

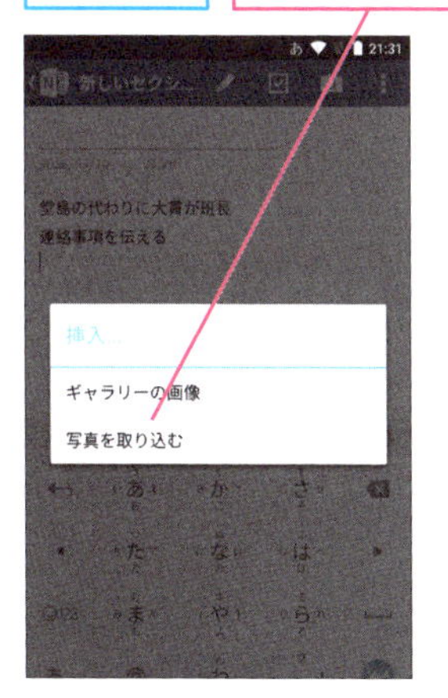

4 写真を撮影する

カメラが起動した

❶ここをタップ

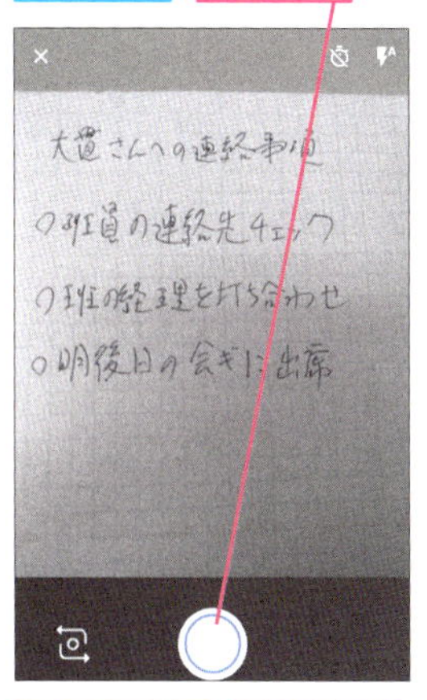

写真が撮影された

❷ここをタップ

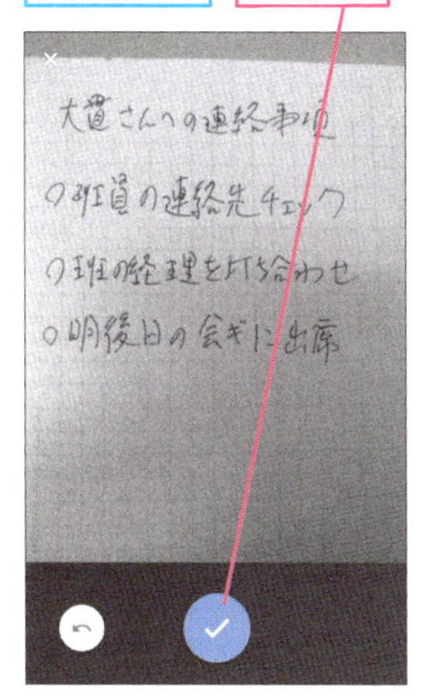

撮影した写真がページに挿入される

音声の録音

5 音声を録音する

カーソルとキーボードを表示しておく

❶ここをタップ

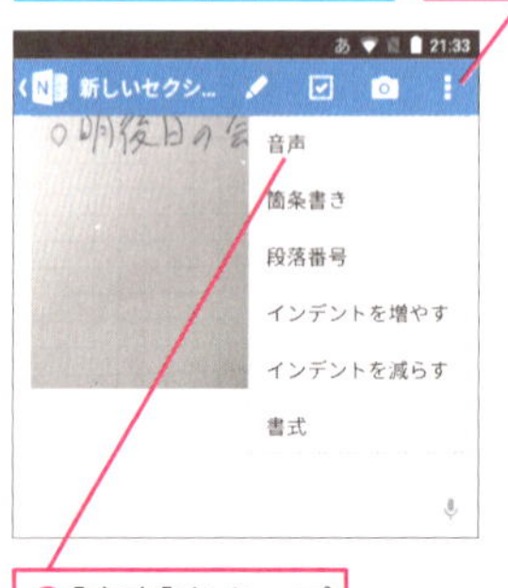

❷[音声]をタップ

録音が開始された

音声は3分間録音できる

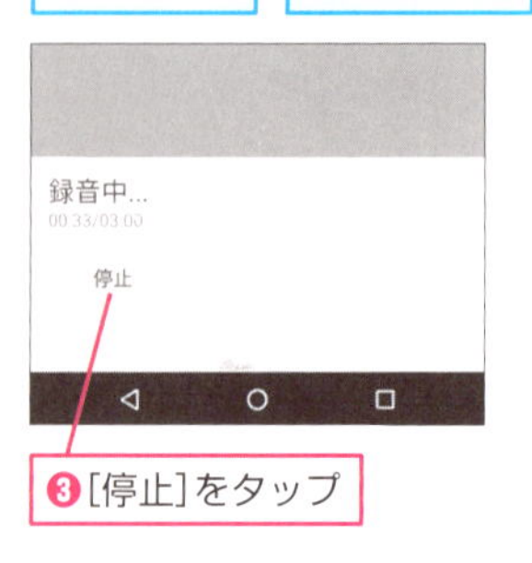

❸[停止]をタップ

6 音声ファイルが挿入された

音声が挿入された

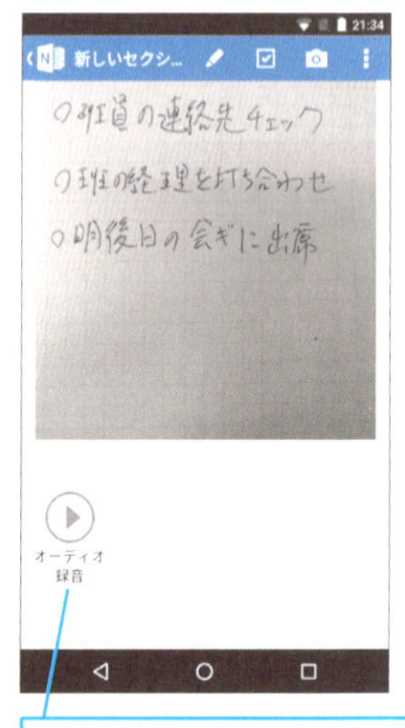

[オーディオ録音]をタップすると、音声を再生できる

Hint!

よく見るページをホーム画面に表示できる

Androidでは、OneNoteでよく見るページをホーム画面のショートカットアイコンとして配置できます。特定のページを外出先ですぐに見たいときに便利です。詳しくはレッスン50で解説します。

OneNoteバッジからのメモの作成

7 OneNoteバッジを有効にする

OneNoteのアプリを起動しておく

❶ここをタップ

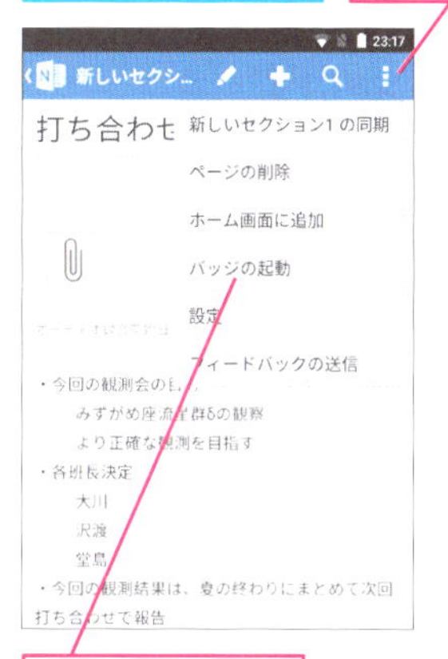

❷[バッジの起動]をタップ

OneNoteバッジが有効になる

8 OneNoteバッジを起動する

ホーム画面を表示しておく

❶OneNoteバッジのアイコンをタップ

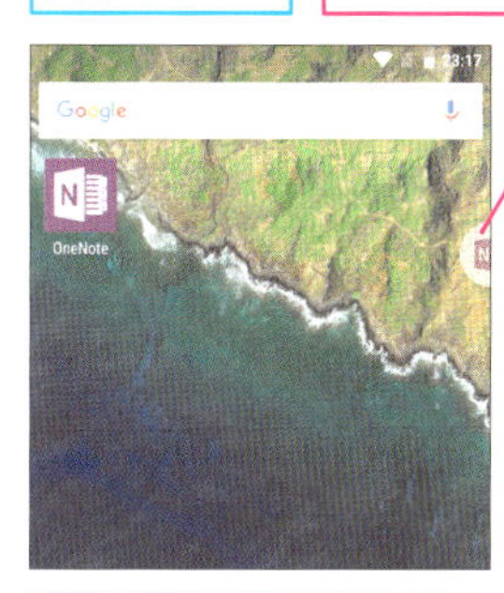

OneNoteバッジが起動した

すでにあるページにメモを追加する

❷[無題のページ]をタップ

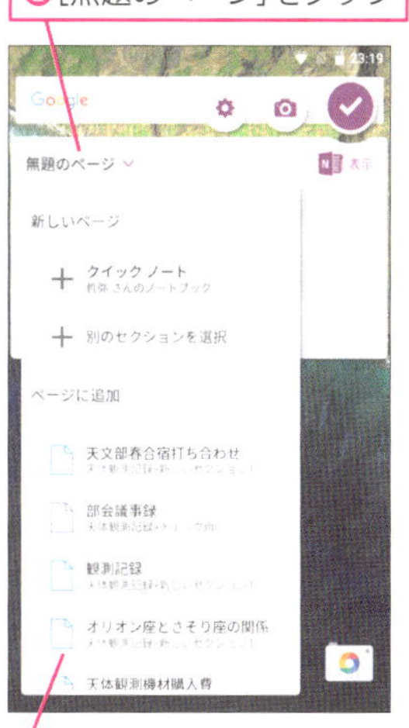

❸メモを追加したいページをタップ

Hint!

OneNoteバッジとは?

画面上にOneNoteのアイコンを常時表示し、いつでも即座にメモを作成できるAndroidアプリの独自機能が「OneNoteバッジ」です。ほかのアプリの起動中でも表示されるため、Webブラウザーを使っているときにWebページの内容をコピーし、OneNoteバッジからOneNoteのページに保存するなどの使い方ができます。

9 メモを入力する

メモを追加するページが選択された

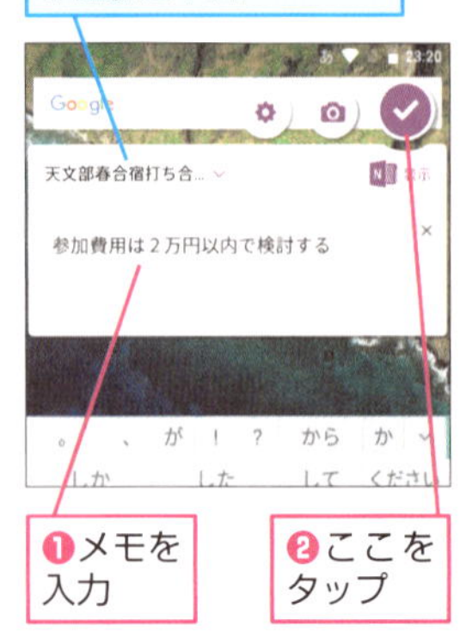

❶メモを入力

❷ここをタップ

ページにメモが追加された

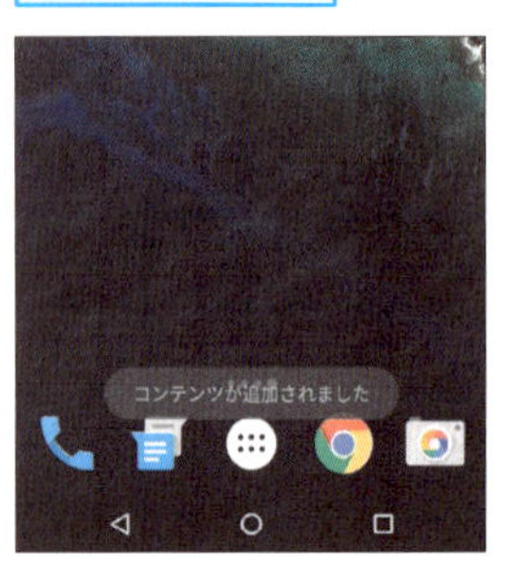

Hint! OneNoteバッジを無効にするには

OneNoteのアプリの［設定］から、OneNoteバッジの有効・無効を切り替えられます。OneNoteバッジのアイコンをドラッグすると表示される［×］にアイコンを重ねても無効にできます。

❶ここをタップ

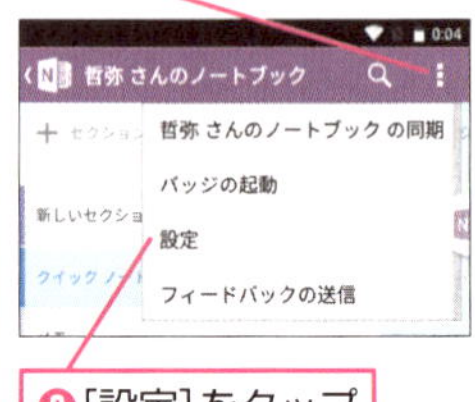

❷［設定］をタップ

❸［OneNoteバッジ］のチェックマークをはずす

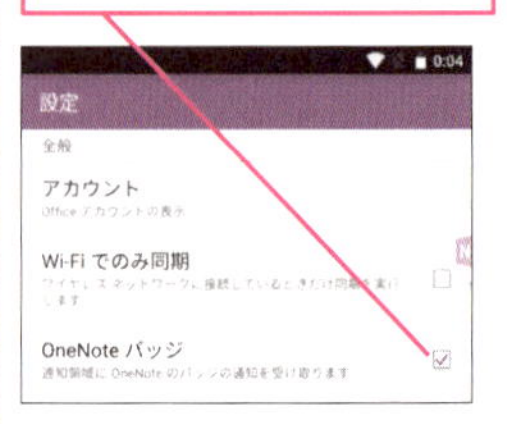

Point 音声の録音やバッジ機能を外出先で活用しよう

外出先で急いでメモを作成したいとき、ぜひ活用したいのが音声の録音機能です。文字でメモをとるよりもすばやく、臨場感をもった情報を残せます。思いついたアイデアを口頭で記録するなどの使い方もできるでしょう。加えて、OneNoteバッジを活用すれば、スマートフォンの機動性を生かした情報の記録が可能になります。

Hint!
メモに書式を設定するには

文字を入力･編集しているときに画面右上のアイコン（⋮）をタップすると、箇条書きやインデントを設定できます。さらに、［書式］をタップすると、太字やイタリック（斜体）、アンダーライン、打ち消し線を設定できます。

書式を設定したい文字を選択しておく

❶ここをタップ

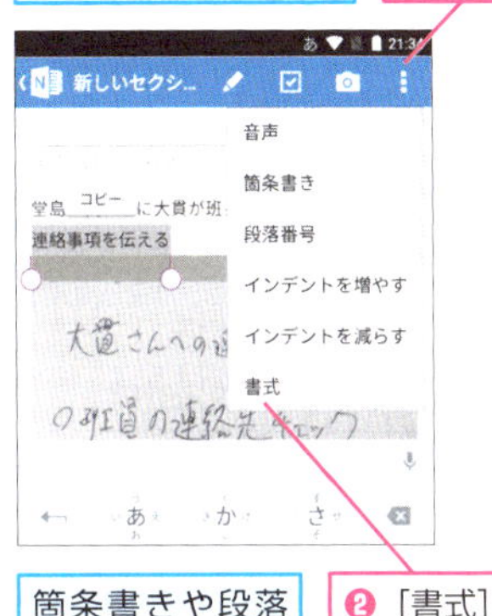

箇条書きや段落記号、インデントを設定できる

❷［書式］をタップ

太字やイタリックなどを設定できる

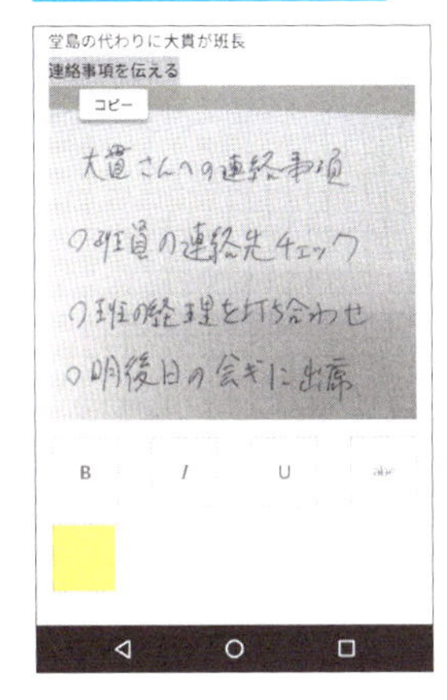

Hint!
最近使用したページを参照するには

ナビゲーション（ノートブックの一覧）にある［最近使用］をタップすると、ノートブックやセクションをまたいだ、最近使用したページの一覧を表示できます。直近で作成・編集したページに追記したいときに便利です。

［最近使用］をタップ

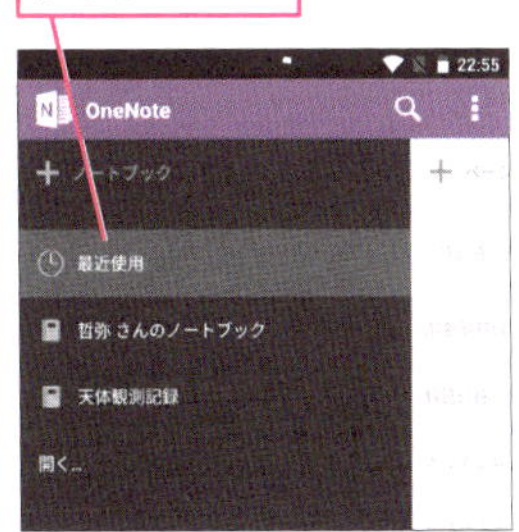

編集した日時が新しい順にページの一覧が表示される

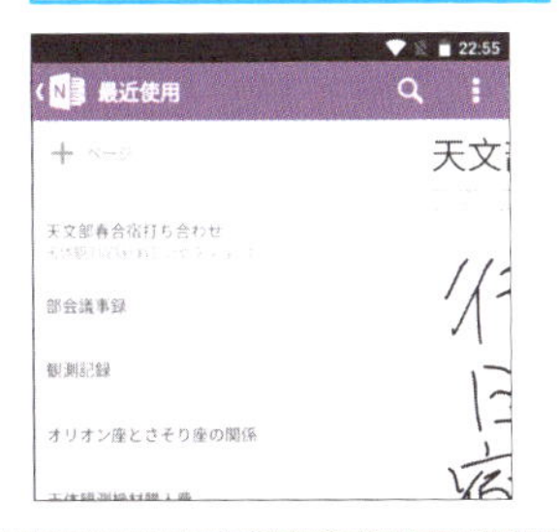

この章のまとめ

パソコンとの情報共有に生かせる

スマートフォンやタブレット向けに提供されているOneNoteのアプリは、外出先でメモを作成したい場面で便利なのはもちろんですが、パソコンとの間で情報を共有したい場面でも活用できます。たとえば、旅行や出張、打ち合わせなどで外出する際、訪問先の情報や地図、電車の時刻表などをパソコンのデスクトップアプリでまとめておき、それをスマートフォンのアプリで参照する、といった使い方が可能です。自分の持っているスマートフォンやタブレットとパソコンを組み合わせた便利な使い方を見つけましょう。

パソコンで作成したページを手軽に確認できる

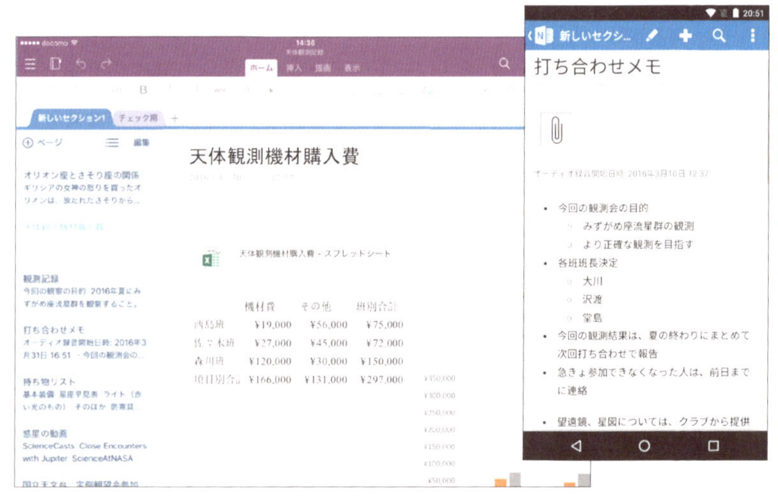

OneDriveに作成されたノートブックの内容は、スマートフォンやタブレットから手軽に確認できる。もちろん、それぞれのアプリでメモの作成も可能。

第6章

さまざまなシーンで活用する

さまざまな情報を自由にまとめることができるOneNoteは、アイデア次第で思い通りの使い方ができます。本章では実践的な活用例を紹介するので、自分なりに使いこなすための参考にしてください。

レッスン 44

料理のレシピノートを作るには

レシピノートとしての活用

インターネットでは、数多くの料理のレシピが共有されています。これらを利用して、自分だけのオリジナルレシピノートをOneNoteで作成してみましょう。

レシピの収集

レシピサイトやブログなどで見つけた料理のレシピを集めて、自分だけのレシピノートを作成しましょう。Webページの内容をそのまま取り込める「クイック ノート」（レッスン11）や「Clipper」（レッスン20）などを活用できます。いつでも参照できるのはもちろん、多数のWebページに散らばっていた情報を、OneNoteという1つの場所に集めて管理できるのは大きな魅力です。

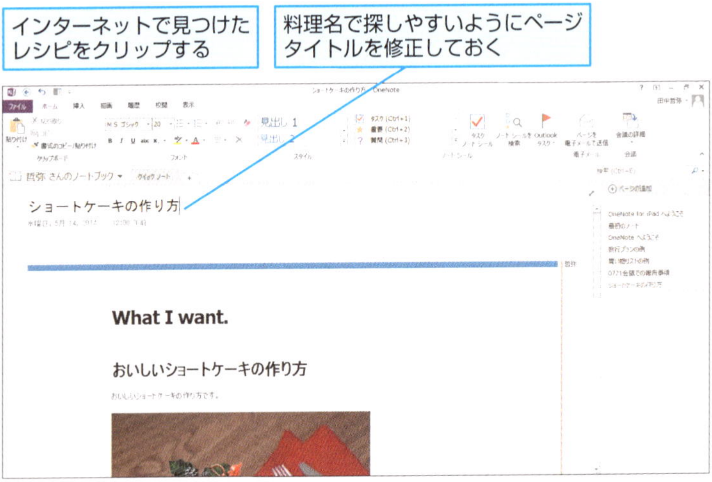

インターネットで見つけたレシピをクリップする

料理名で探しやすいようにページタイトルを修正しておく

ショートケーキの作り方

What I want.

おいしいショートケーキの作り方

レシピの整理

収集したレシピは、セクションを使って整理します。「和食」や「中華」といった料理のジャンル別、「すぐに作れる」「お弁当に最適」といった目的別など、使い勝手のよい整理方法を考えてみましょう。また、レシピの料理を実際に作ったら、調理のコツや味の感想などを記録しておきましょう。次回以降、料理を選ぶときに役立つ、より便利なレシピ集になります。

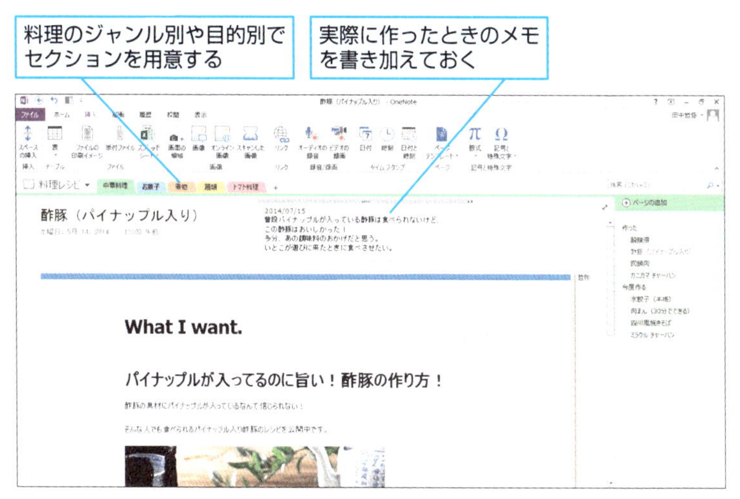

Hint!

雑誌などの記事はスキャナーやカメラで取り込もう

インターネットにあるレシピだけでなく、雑誌などに掲載されているレシピも取り込みましょう。レッスン24で解説したスキャナーを使った取り込み、あるいはスマートフォンやタブレットのカメラで撮影するといった方法で、すばやく保存できます。カメラで撮影するのであれば、雑誌のページを切り取る必要もありません。

レッスン
45

旅行の記録を整理するには

旅行ノートとしての活用

旅行に出かけるときの行動予定、地図や時刻表などの情報を事前に集めておけば、必要なときにすばやく確認できます。また、旅行のあとには、その記録も残しておきましょう。

旅行計画の作成

どの電車に乗って、いつごろ目的地に到着し、何を見て、食事はどこで食べて、次の行動はどうするのか……。さまざまな段取りが必要な旅行計画を立案するときにも、OneNoteは便利です。表やノート シールを利用して、計画を分かりやすくまとめられるほか、当日は、スマートフォンやタブレットから移動中でもメモを参照できます。

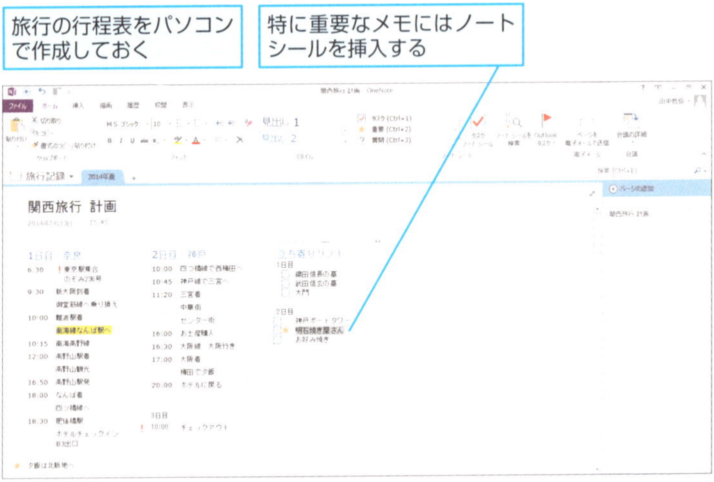

旅行の行程表をパソコンで作成しておく

特に重要なメモにはノートシールを挿入する

Hint!

通信できない場合に備えて事前に同期をしておこう

スマートフォンやタブレットが通信できない場合は、OneDrive上のノートブックにあるページを表示することができません。旅行先によっては電波が届かず、せっかくまとめた情報を見られないことも起こりえます。一度開いたノートブックは、同期した状態から閉じない限り、通信できない環境でも内容を確認できるので、目的地の通信環境に不安があるときは、必要なノートブックを事前に同期しておきましょう。

旅行先の情報収集

目的地の地図、周辺にある駅やバスの時刻表など、役に立ちそうな情報を事前にまとめておきましょう。たとえば、インターネットで公開されている時刻表を印刷イメージとして取り込む（レッスン17）、Webブラウザーに表示した地図の一部をページに貼り付けておく（レッスン18）ことで、電車に乗り遅れたり、目的地周辺で迷ったりといったトラブルを防げるようにします。

目的地の地図や時刻表などをインターネットから取り込んでおく

旅行先でスマートフォンなどを使っていつでも情報を参照できる

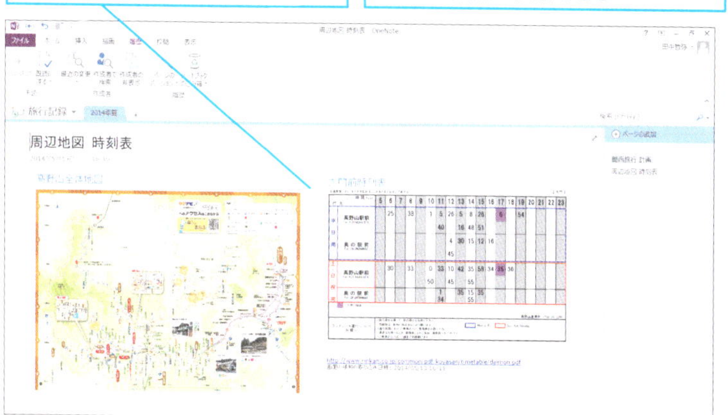

次のページに続く

旅行記録の作成

旅行のあとは、旅行中の出来事や感想、撮影した写真などをまとめておく用途で、OneNoteが活躍します。テキストや写真を自由に配置できる特徴を生かし、観光地で撮影した写真の隣に実際に見た印象を書き込んでおく、名物料理を写真とともに記録するなど、さまざまな形で旅の思い出を残すことができます。このとき、ページへのリンクを利用すると、旅行計画や旅行先の情報など、関連しているほかのページにリンクを張ることができます。

ページをまとめて旅行の記録を残す

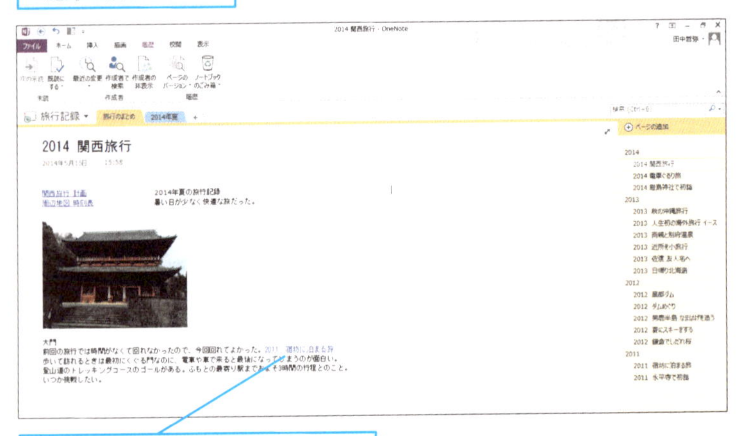

ページへのリンクを作成しておくと、関連ページを参照しやすくできる

Hint! 旅行中の出来事は忘れないうちに記録しておこう

印象的な出来事や感じたことがあったら、その場や宿泊先などで記録しておきましょう。スマートフォンで短いメモをとるだけで十分です。記憶があやふやになったり、忘れてしまったりする前に残しておけば、あとから見返したときに詳細を思い出す手がかりになります。

ページへのリンクの作成

1 ページへのリンクをコピーする

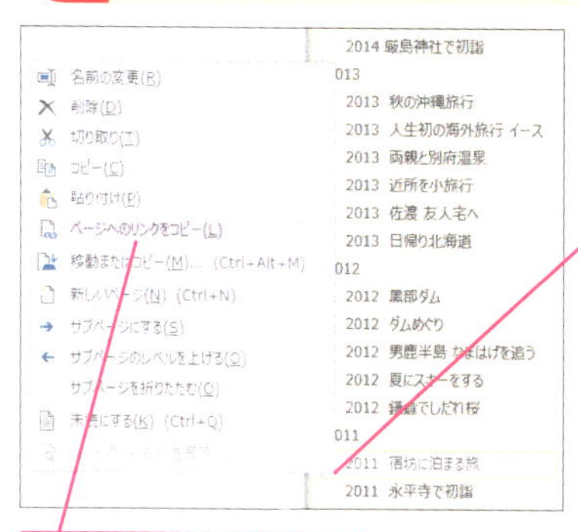

リンクしたいページがあるノートブックのセクションを表示しておく

❶ページの一覧でリンクしたいページを右クリック

❷[ページへのリンクをコピー]をクリック

2 ページへのリンクを貼り付ける

❶リンクを貼り付けたい場所を右クリック

❷[貼り付けのオプション]のここをクリック

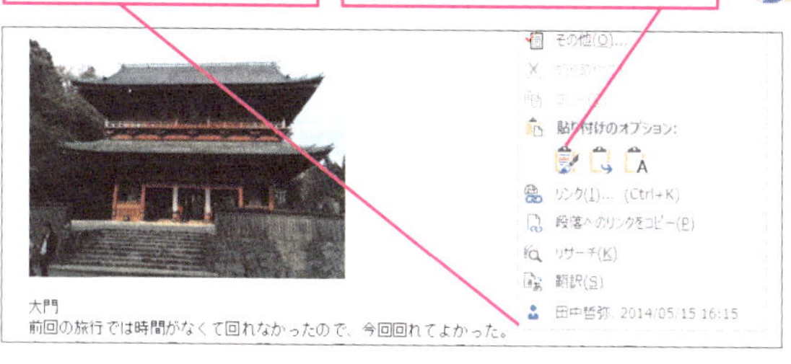

ページへのリンクが貼り付けられる

Hint!

ページへのリンクは情報のまとめに役立てよう

ある情報のページから関連する別のページへ、すばやく移動できるようにするのがページへのリンクです。リンクをクリックすれば、インターネットと同じようにリンク先のページが表示されます。関連ページへのリンクを一覧にしたまとめページを作っておくと、ノートブックの整理にも役立ちます。

レッスン 46

読書記録をまとめるには

読書ノートとしての活用

あとから内容を思い出せるように、読書のメモをOneNoteで記録してみましょう。インターネットで提供されているテンプレートも利用できます。

読書記録の作成

実用書から得た知識や、小説を読んだ感想などを、1つのノートブックで管理しましょう。ここでは、読書に関するメモを手軽にまとめられる「Officeスタイルカタログ」のテンプレートを利用します。

Officeスタイルカタログのテンプレートを利用して読書記録を作る

読んだ書籍の情報や感想などを楽しみながら管理できる

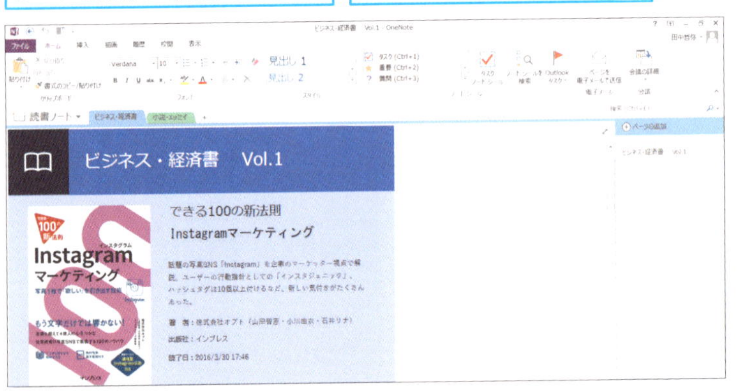

Hint!

「Officeスタイルカタログ」って何？

OneNoteなどで利用できるさまざまなテンプレートを公開しているのがOfficeスタイルカタログです。OneNote向けには［読書ノート］のほか、［パスワード管理ノート］［オリジナル英文集］など、全11種類のテンプレートが用意されています（2016年3月現在）。

テンプレートのダウンロード

1 OneNoteで使えるテンプレートを表示する

Webブラウザーを起動し、Officeスタイルカタログのページを表示しておく

◆Officeスタイルカタログ
https://www.microsoft.com/ja-jp/office/2013/stylecatalog/default.aspx

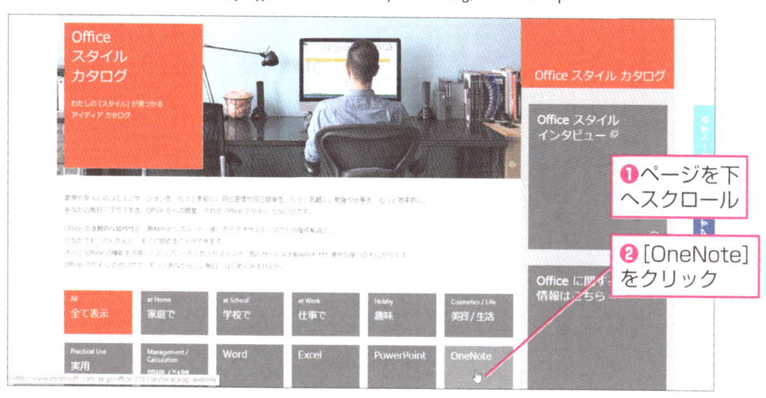

2 テンプレートを選択する

OneNoteで利用できるテンプレートだけが表示された

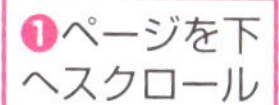

❷[読書ノート]をクリック

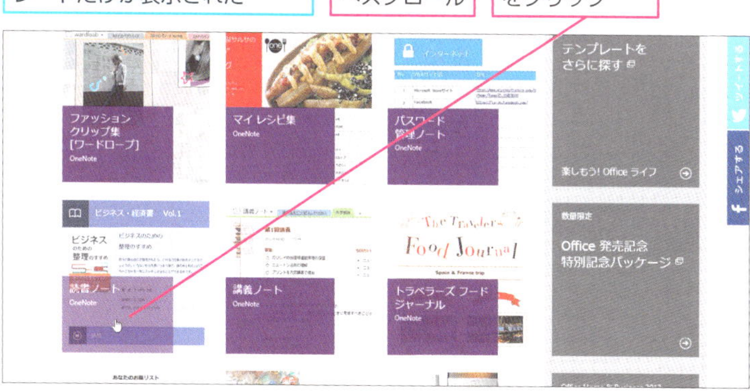

次のページに続く

3 読書ノートのテンプレートをダウンロードする

[読書ノート]が表示された

❶[テンプレートダウンロード]をクリック

❷[ファイルを開く]をクリック

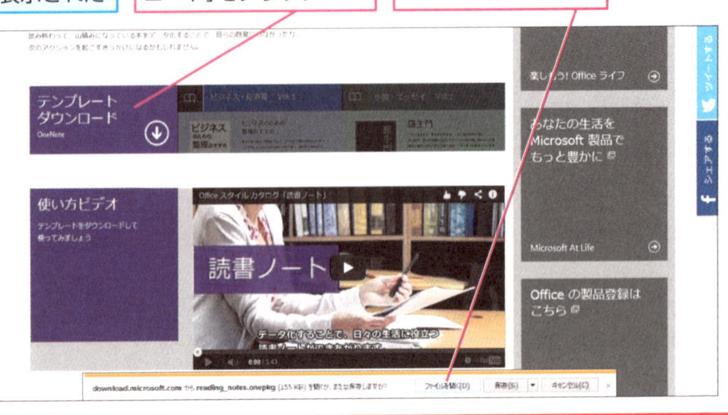

4 ノートブックを展開する

[ノートブックの展開]が表示された

テンプレートを含むノートブックをパソコン内に保存する

❶ノートブックの名前を入力

❷[作成]をクリック

デスクトップアプリの無料版では、ここをクリックしてOneDriveのURLを選択する

注意 デスクトップアプリの無料版では、パソコン内のノートブックを利用することができないため、ノートブックを開くときに、保存先としてOneDriveを選択する必要があります

第6章 さまざまなシーンで活用する

5 ノートブックが表示された

OneNoteが起動し、[読書ノート]ノートブックが表示された

あらかじめセクションとページが用意されている

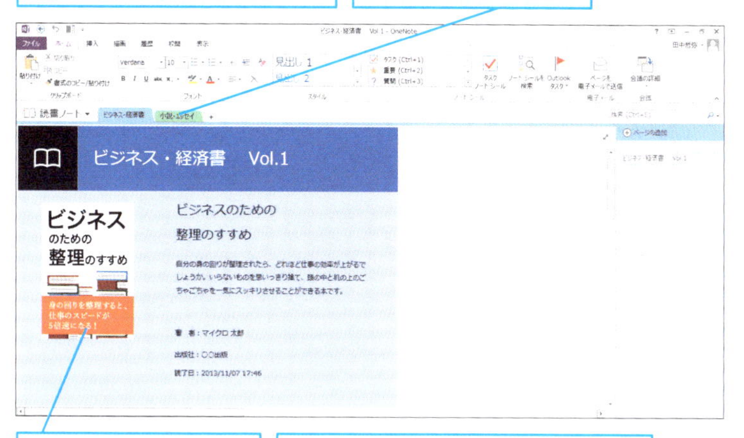

読んだ書籍の画像に差し替えたり、感想などの読書記録を入力できる

199ページのHint!を参考にOneNoteのテンプレートとして設定すると、同じページを簡単に作成できる

Hint!

ダウンロードしたノートブックをOneDriveに移動するには

ダウンロードしたノートブックを開くと、標準の設定ではノートブックがパソコン内にある状態となり、そのパソコンでしか参照できません。パソコン内のノートブックをOneDriveに移動するには、移動したいノートブックを開いた状態で［ファイル］タブの［共有］をクリックし、[ノートブック名]に名前を入力したあとに［ノートブックの移動］をクリックします。

❶[ファイル]タブの[共有]をクリック

❷ノートブックの名前を入力

❸[ノートブックの移動]をクリック

レッスン 47

会議の議事録をとるには

会議での活用

OneNoteは、会議の議事録などを正確に記録するのに最適なツールです。音声の録音やスマートフォンでの撮影のほか、あらかじめ用意されたテンプレートも利用できます。

議事録の作成

議事録の作成に役立つOneNoteの機能としては、会議の様子を音声として残せる録音機能（レッスン22）、紙の資料やメモ、ホワイトボードに板書された内容を簡単に記録できるスマートフォンアプリの撮影機能（レッスン37、39、43）などがあります。さらに、OneNoteには議事録に適したページテンプレートも用意されているので、ぜひ活用してみましょう。1つのノートブックで議事録を一元管理して出席者間で共有すれば、メールの一斉送信や紙での回覧は不要になります。

OneNoteのページテンプレートを利用して議事録を作る

あらかじめ用意された項目に沿って効率よくメモがとれる

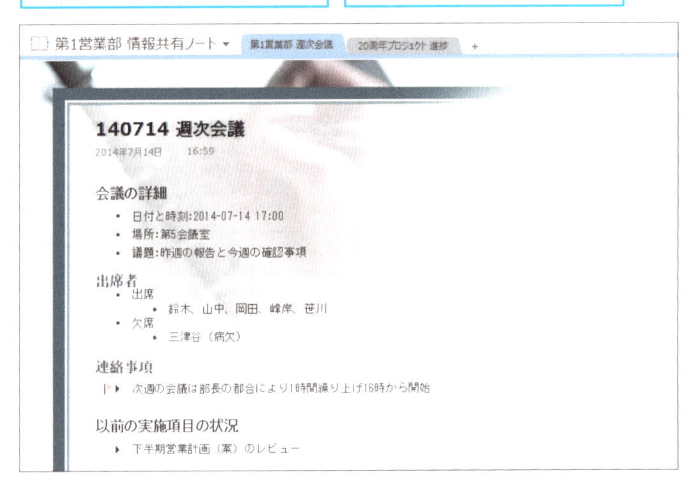

ページテンプレートの適用

1 テンプレートの一覧を表示する

❶[挿入]タブをクリック

❷[ページテンプレート]をクリック

テンプレートの一覧が表示された

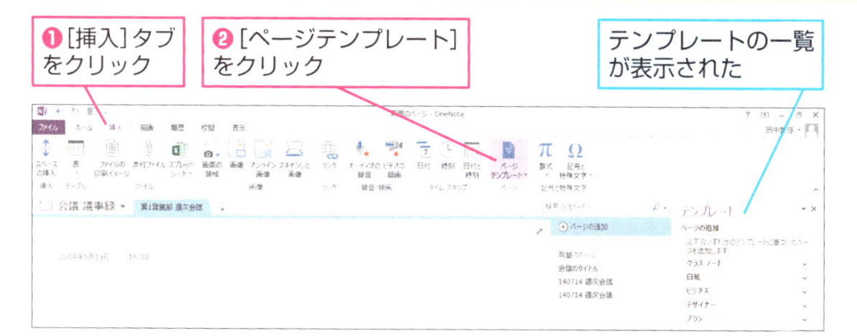

2 テンプレートを開く

[会議ノート(詳細)]のテンプレートを利用する

❶ [ビジネス]をクリック

❷[会議ノート(詳細)]をクリック

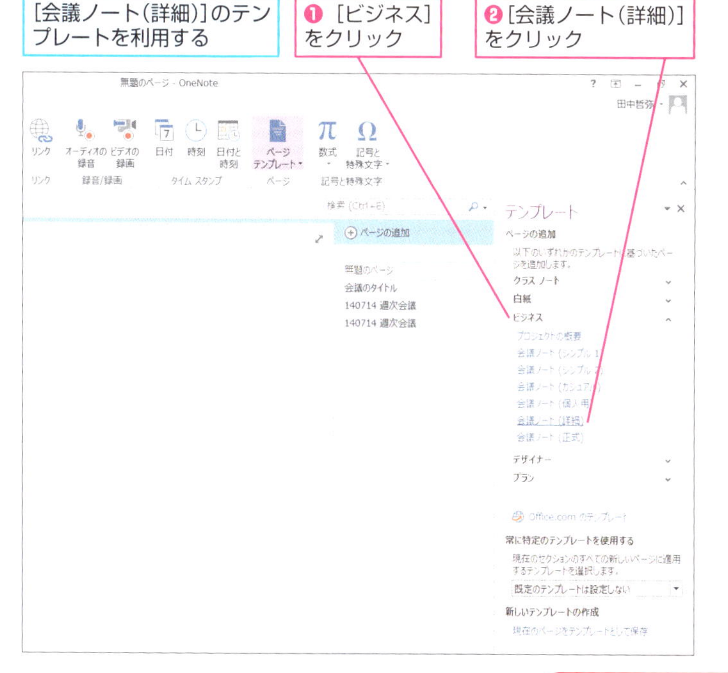

次のページに続く

3 テンプレートに沿ってメモをとる

ページにテンプレートが適用された

ページタイトルやメモを修正して議事録を作成できる

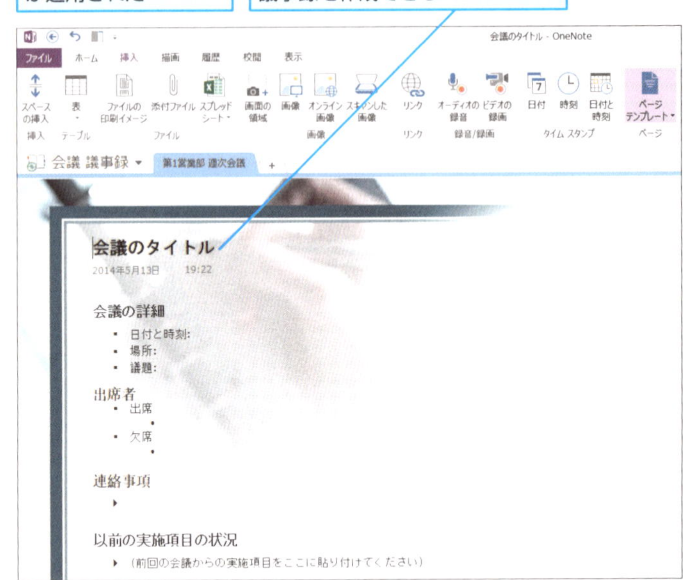

Hint! ページテンプレートを利用して効率よくメモをとろう

ページテンプレートには多くの種類があり、[ビジネス] カテゴリーには6種類の議事録に適したテンプレートが用意されています。議事録を白紙のページから書き始めると、出席者名や次回の開催予定など、定型文として残すべき事柄を忘れてしまうことがありますが、テンプレート化されていれば見落とすことはなくなります。議事録以外にも、[クラス ノート] カテゴリーには学習記録に活用できる [講義ノート (詳細)]、[デザイナー] カテゴリーには背景に飾りの付いたテンプレートなどがあります。

Hint! 自分専用のページテンプレートを作るには

既存のページテンプレートでは項目が足りない場合や、デザインを変えたいといった場合は、オリジナルのページテンプレートを作成しましょう。ページテンプレートを作成するには、あらかじめテンプレートにしたいページを用意しておき、それをテンプレートとして保存します。レッスン46で解説したOfficeスタイルカタログのテンプレートも、この方法でOneNoteのページテンプレートとして保存することが可能です。なお、新しいページを追加する際に、常に同じテンプレートを利用したいときは、[現在のページをテンプレートとして保存] の上にある [常に既定のテンプレートを利用する] のリストボックスからテンプレートを選択します。

❶[現在のページをテンプレートとして保存]をクリック

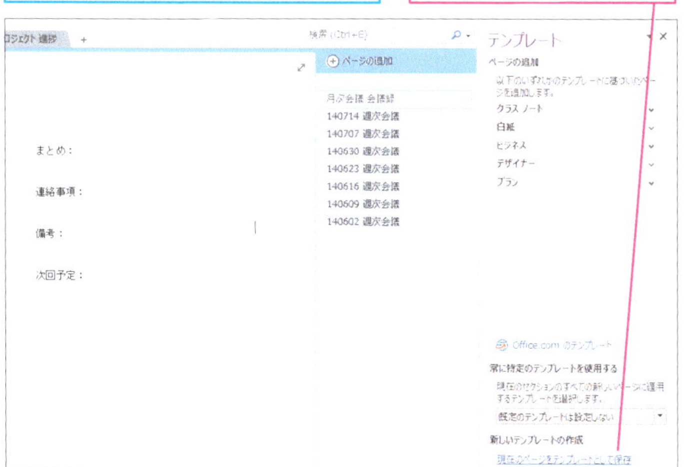

[テンプレートとして保存]が表示された

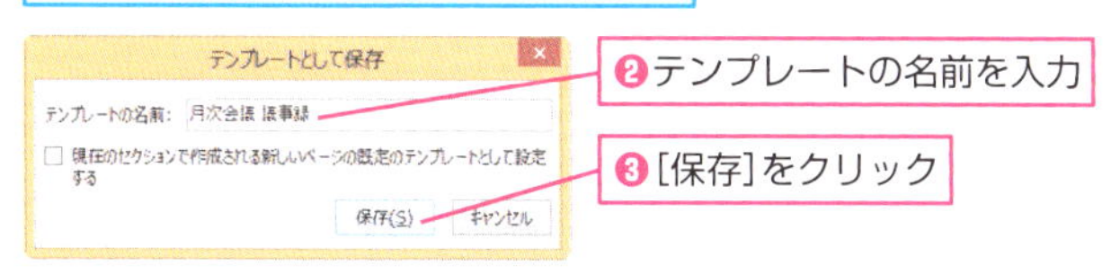

テンプレートの一覧に[マイテンプレート]が追加される

[マイテンプレート]にあるテンプレートをクリックすると、表示しているページにオリジナルのテンプレートを適用できる

レッスン 48

名刺をデジタル化して管理するには

名刺管理での活用

大量の名刺の中から必要な名刺を探すのが大変だったり、重要な取引先の名刺が見つからなかったり……。名刺管理にまつわる課題をOneNoteで解決しましょう。

名刺管理ページの作成

OneNoteを利用すれば、スキャナーでの取り込み機能、スマートフォンアプリの撮影機能を利用し、取引先や顧客から受け取った名刺を画像として管理できます。セクションやページを使って柔軟に分類することができるほか、デスクトップアプリで整理した名刺を、スマートフォンアプリを使って外出先からすぐに参照できます。

名刺を受け取った年度別や、よく連絡をとる人のグループ別などでセクションを分類する

会話の内容のメモやノート シールなどを挿入し、検索しやすくしておく

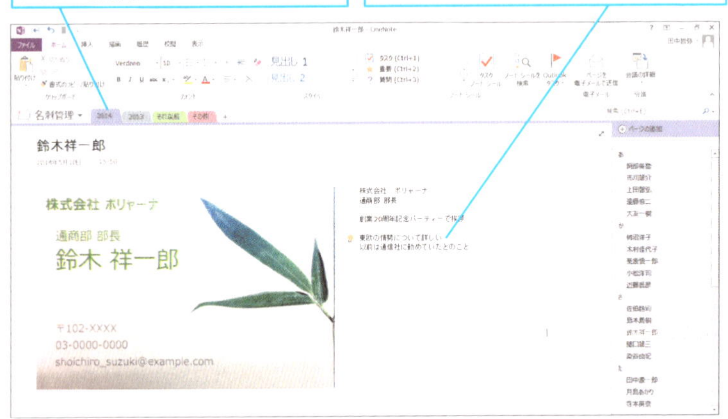

名刺の検索

OneNoteの検索機能では画像内の文字も検索できるため、必要なときに人名や会社名などをキーワードとして検索すれば、目的の名刺を探し出すことができます。［折り返し電話］［顧客からの依頼］などのノートシールを活用して検索しやすくするのもいいでしょう。

人名や会社名、メールアドレスなどのキーワードで検索し、目的の名刺をすぐに見つけられる

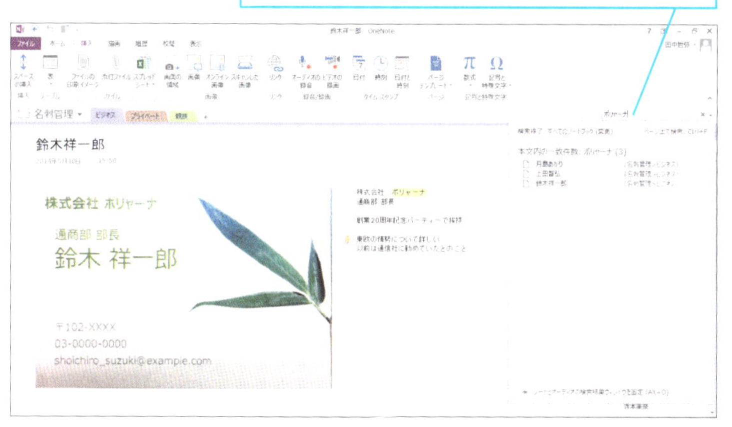

Hint!

検索で必要になりそうなキーワードはテキストにしておこう

名刺のデザインやスキャン・撮影した状態によっては、名刺の画像内に含まれる文字が正しく認識されず、キーワードで検索しても該当しない場合があります。確実に検索できるようにしたい情報は、なるべくテキストのメモとして入力しておきましょう。

Hint!

iPhoneアプリでは［ドキュメント］モードで撮影しよう

レッスン39で解説したiPhoneアプリの撮影機能は、名刺の取り込みで特に有効です。机の上などに名刺を置き、［ドキュメント］モードにして撮影すれば、自動的に名刺の部分だけにトリミングされるとともに、読みやすいように画質の補正が行われ、すばやくきれいに名刺を取り込めます。

プロジェクトの情報を共有するには

プロジェクト管理での活用

タスクの管理や進捗のメモ、添付ファイルなど、さまざまな情報を共有することができるOneNoteは、プロジェクトメンバー間の情報共有ツールとしても便利です。

プロジェクトノートの共有

複数のメンバーが共同でプロジェクトを遂行する際、メンバー間での情報共有は極めて重要なポイントになります。プロジェクトごとにノートブックを作成してメンバー間で共有すれば、タスクや進捗、関連するファイルの管理などをスムーズに行えます。ほかのメンバーが追加・更新したページは、未読ページとしてページ一覧のタイトルが太字で表示されるので、情報を見落とすこともありません。

ノート シールと表を利用してプロジェクトのタスクを管理する

ファイルをページに添付して資料を共有できる

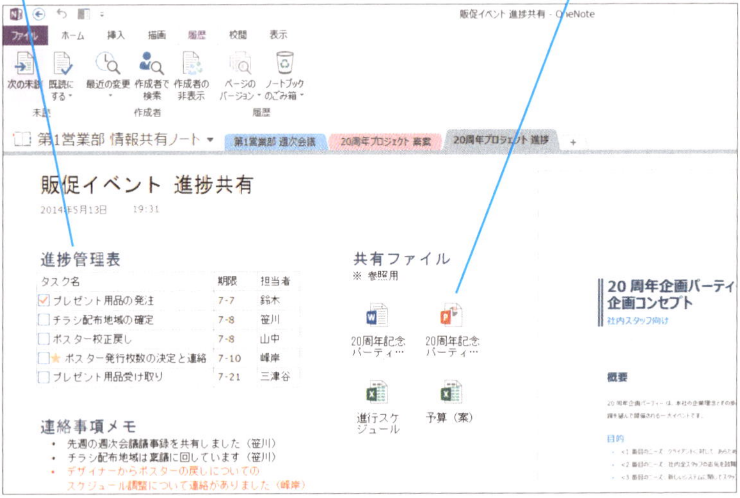

未読ページの確認

1 未読ページを表示する

ノートブックの共有相手が更新したページを確認する

❶［履歴］タブをクリック

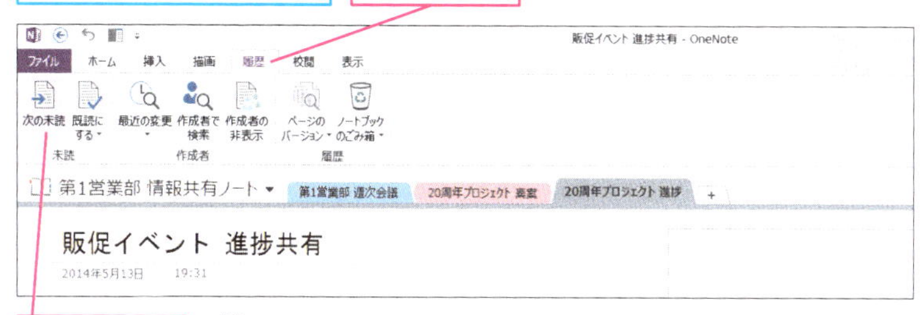

❷［次の未読］をクリック

2 未読ページを確認する

未読のページが表示され、既読になった

共有相手が入力したメモはハイライト表示される

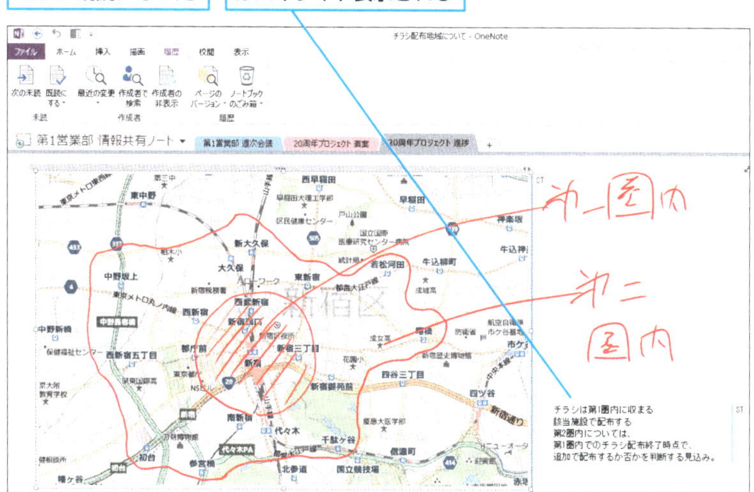

次のページに続く

3 作成者別にメモを検索する

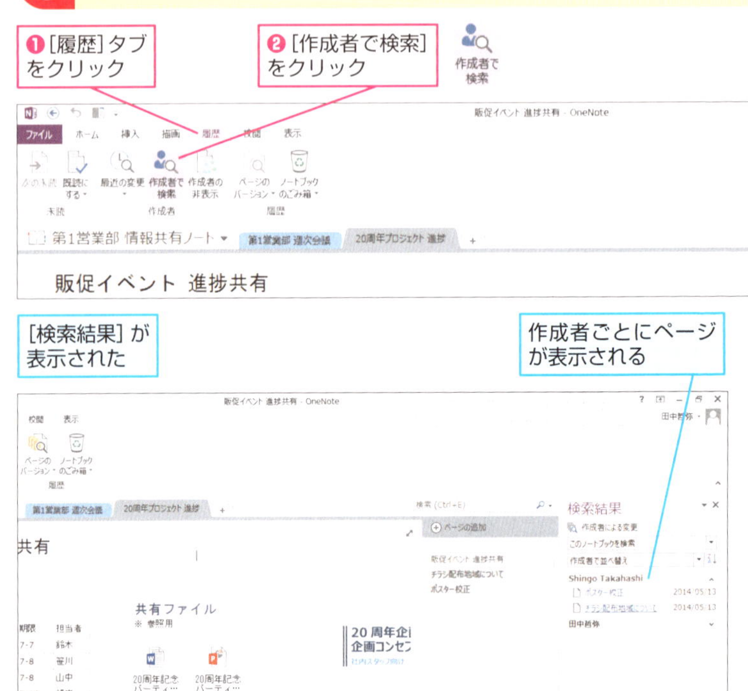

Hint! 利用ルールを決めて共有ノートブックを管理しよう

OneNoteでは、共有しているノートブックのそれぞれのメモを、誰がいつ、編集したのかが分かります。しかし、1つのページに多くのメンバーが情報を書き込むと、どれが重要な情報なのか、誰がどの情報を変更したのかが分かりづらくなりがちです。そこで事前に決めておきたいのが、共有ノートブックの利用ルールです。たとえば、個人の意見や思いついたアイデアなどは、メンバーごとにページを用意してページタイトルに作成者の名前を入れる、といったルールを決めておけば、タスクや進捗を管理するページに雑多なメモが混ざるような事態を避けられるでしょう。

Hint!

変更された期間別にメモを確認するには

[履歴] タブにある [最近の変更] をクリックし、表示されるメニューからいずれかの期間を選択すると、期間内に更新されたページの一覧が画面右側に表示されます。多くのメンバーでノートブックを共有していると、情報の追加・更新の流れを把握することが難しくなりますが、更新された期間を区切って時系列でページを表示すれば、確認がしやすくなります。

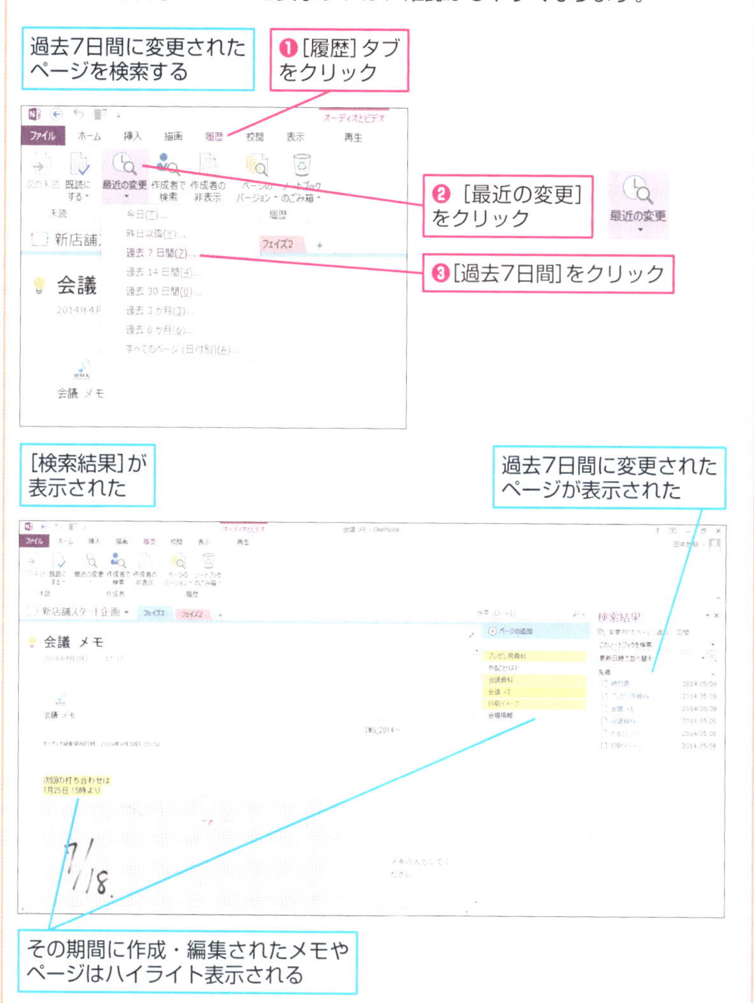

レッスン 50

特定のページを外出先ですぐに表示するには

スマートフォンのショートカットの活用

Androidアプリでは、OneNoteのノートブックにある特定のページのショートカットを作成し、ホーム画面からすばやく表示できるように設定できます。

外出先でのメモの確認

第5章で解説したように、パソコンで作成したメモをスマートフォンやタブレットで確認できるOneNoteの便利さは、ぜひ役立てたいところです。特に、AndroidアプリのOneNoteではページのショートカットをホーム画面に追加できるので、アプリを起動してノートブックから目的のページを探すよりも、すばやくメモを確認できます。同様の機能はWindowsアプリにもあり、WindowsタブレットやWindowsスマートフォンのスタート画面に、特定のページをタイルとして追加できるようになっています（レッスン36を参照）。

外出先での確認事項を1つのページにまとめておく

Androidスマートフォンですばやく表示できるようにショートカットを作成する

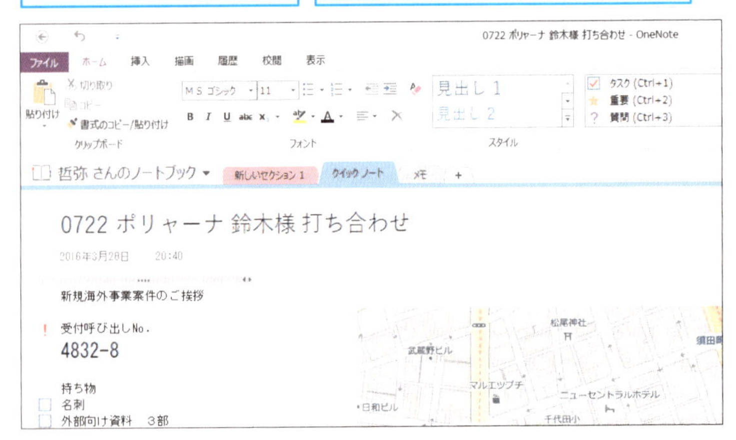

ページのショートカットの作成

1 ショートカットをホーム画面に追加する

ショートカットを作成したいページを表示しておく

❶ここをタップ

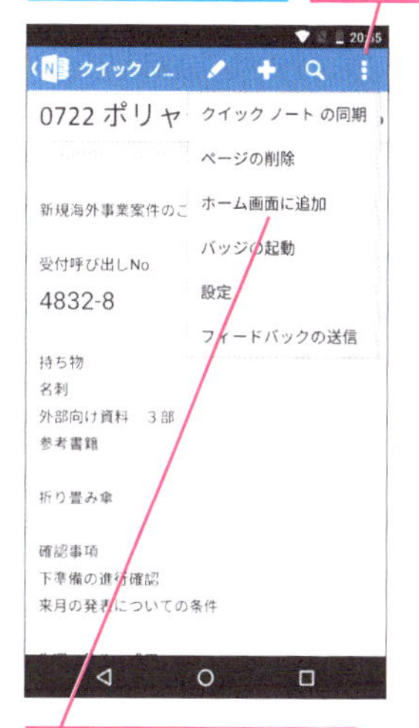

❷［ホーム画面に追加］をタップ

ページへのショートカットがホーム画面に追加される

2 ショートカットを確認する

ホーム画面を表示しておく

ページへのショートカットが追加されている

ショートカットをタップすると、ページを確認できる

Hint!

iPhoneとiPadではすぐに確認するためのセクションを用意しよう

iPhoneアプリとiPadアプリのOneNoteには、特定のページのショートカットをホーム画面などに追加する機能がありません。外出先ですばやく目的のページを開きたい場合は、専用のセクションを用意しておくなど、ページの分類を工夫しましょう。

レッスン 51

手書きで書類に指示を書き込むには

手書きペンの活用

デスクトップアプリとWindowsアプリ、iPadアプリ、Androidアプリで利用できる手書き入力モードは、OneNoteの非常に便利な機能です。その活用方法の一例を紹介します。

修正指示のとりまとめ

手書き入力はページのどこにでも入力できるので、ポスターやチラシなどのデザインを取り込んだ画像に対して、紙に書き入れるように修正の指示をすることも可能です。ファイルなら印刷イメージ（レッスン17）として、紙の資料であればスキャナー（レッスン24）、あるいはスマートフォンやタブレットのカメラで画像を取り込みましょう。

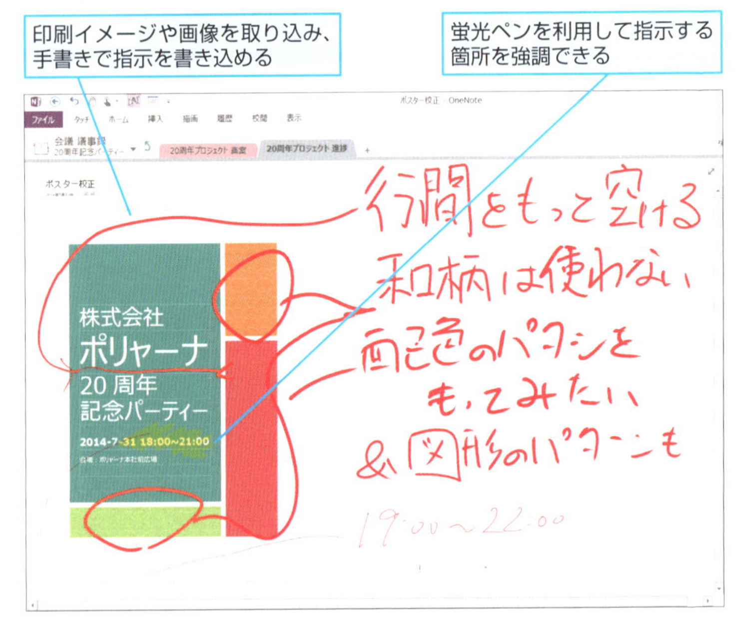

イラストの描き込み

手書き入力では文字だけではなく、イラストを描くこともできます。頭の中にあるイメージを伝えたい目的であれば、文字で細かく説明するよりも、多少ラフであっても手描きで図解した方が早いケースはよくあるものです。内容に合わせてペンの種類や色、太さを工夫して表現しましょう。また、デスクトップアプリでは、矢印や長方形などの形が決まった図形を描画できます。それらと手書きを組み合わせるのもいいでしょう。

図案や構図などのイラストを描き込む

ペンの色や太さを使い分けて表現できる

Hint!

タブレットとペンを活用してスマートな手書き入力を実現しよう

手書きで資料を校正する、手描きでイラストを作成するといったとき、圧倒的に便利なのがタブレットとスタイラスペンの組み合わせです。ペンで画面に直接触れて書き込めるため、指やマウスで書き込むような違和感がなく、紙のノートにペンでメモをとるのと近い感覚で作業できます。

この章のまとめ

OneNoteをあらゆるシーンで役立てよう

OneNoteと、WordやExcelといったほかのOfficeアプリケーションの大きな違いとして、利用できるシーンの幅広さが挙げられます。OneNoteでは使い方次第で、WordやPowerPointのような資料を作ることができますし、また、Excelのように表形式で情報をまとめることも可能です。こうした自由度の高さがOneNoteの最大の特徴であり、ユーザーの工夫次第でさまざまな使い方ができるアプリケーションになっています。本章で解説した活用例を参考にして、身の回りにある情報をOneNoteで整理しましょう。

利用できるシーンは工夫次第で広がる

OneNoteの最大の特徴は自由度の高さ。使い方次第でどんな場面でも役立つツールになる。

付録1

デバイス別機能対応表

多くのデバイスで使えるOneNoteですが、それぞれのアプリが対応している機能には違いがあります。デバイスごとの主な機能の対応状況を、以下の表で確認してください。

	Windows デスクトップ	Windows アプリ	Windows 10 Mobile	iPhone	iPad	Android	OneNote Online
デバイス内でのノートブックの保存	○※1	-	-	-	-	-	-
ページの印刷	○	○	-	-	-	-	○
ノートブックの共有	○	△※2	△※2	○	○	-	○
ノート シールの検索	○	-	-	-	-	-	-
Outlook との連携	○	-	-	-	-	-	-
表の作成	○	○	△※3	△※3	○	△※3	○
印刷イメージの挿入	○	○	-	-	○	-	-
添付ファイルの挿入	○	○	○	○	○	○	○
音声メモの追加	○	-	-	○	○	○	○
ビデオの挿入	○	-	-	-	-	-	-
ペン（手書き入力）	○	○	-	-	○	○	-
ページのバージョン管理	○	-	-	-	-	-	○
パスワード保護されたセクションの閲覧	○	○	○	○	○	-	○

※1　無料版はOneDriveへの保存のみ可能　※2　共有用のリンクは取得可能　※3　既存の表の編集のみ可能

付録2

ショートカットキー一覧

Windowsデスクトップアプリでよく使う機能に割り当てられたショートカットキーを紹介します。これらのショートカットキーを覚えれば、より便利にOneNoteを使えるようになります。

OneNoteの利用

Windows + Shift + N …… デスクトップアプリの起動

Windows + Alt + N …… 新しいクイックノートの作成

Windows + N …… OneNoteツールに送る

Windows + Shift + S …… 画面領域の挿入

ノートブックの操作

Ctrl + O …… ノートブックを開く

Ctrl + T …… 新しいセクションの作成

Ctrl + Tab …… 次のセクションへ移動

Ctrl + N …… 新しいページの追加

Ctrl + Page Up …… 前のページへ移動

Ctrl + Page Down …… 次のページへ移動

データの入力と編集

Ctrl + Z …… 直前操作の取り消し

Ctrl + Y …… 直前操作の繰り返し

Ctrl + X …… 選択対象の切り取り

Ctrl + C …… 選択対象のコピー

Ctrl + V …… 選択対象の貼り付け

文字の書式設定

Ctrl + B …… 太字の設定／解除
Ctrl + U …… 下線の設定／解除
Ctrl + Shift + H …… 蛍光ペンの設定／解除
Ctrl + . …… 箇条書きの設定／解除
Ctrl + / …… 段落番号の設定／解除
Ctrl + 1 ～ 6 …… 見出しスタイル1 ～ 6の設定／解除

日付や時刻の挿入

Alt + Shift + F …… 日付と時刻の挿入
Alt + Shift + D …… 日付の挿入
Alt + Shift + T …… 時刻の挿入

ページの操作

F11 …… ページの全画面表示／解除
Ctrl + ← …… 前に開いたページに戻る
Ctrl + → …… 次に開いたページに進む

ノートシールの挿入

Ctrl + 1 …… [タスク] ノート シールを挿入／解除
Ctrl + 2 …… [重要] ノート シールを挿入／解除
Ctrl + 3 …… [質問] ノート シールを挿入／解除
Ctrl + 4 …… [要確認] ノート シールを挿入／解除
Ctrl + 5 …… [定義] ノート シールを挿入／解除

ノートブックの検索

Ctrl + E …… すべてのノートブックを検索
Ctrl + F …… 表示中のノートブックを検索

付録3

OneNoteをインストールするには

ここでは、最新バージョンであるOneNote 2016のWindowsデスクトップアプリの無料版と、iPhoneアプリ、AndroidアプリのOneNoteをインストールする方法を解説します。

Windowsデスクトップアプリ無料版のインストール

1 インストールを実行する

Webブラウザーで OneNoteのWebページを表示しておく

▼OneNote
https://www.onenote.com/

❶[Windows]をクリック

❷[Windows デスクトップ]をクリック

❸[実行]をクリック

❹[ユーザーアカウント制御]が表示されたら[はい]をクリック

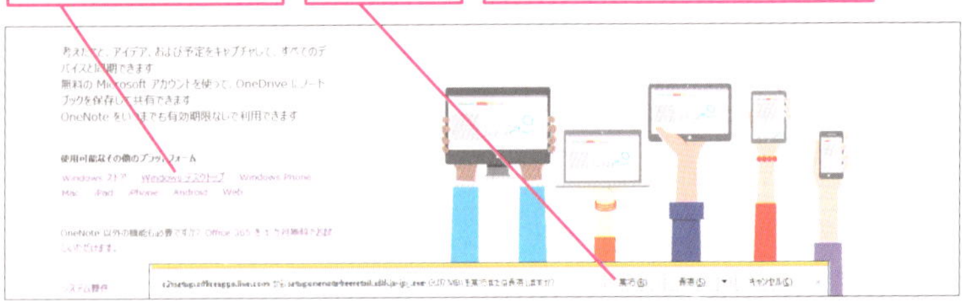

Windowsデスクトップアプリのインストールが開始される

Hint!

64ビット版のデスクトップアプリをインストールするには

OneNote 2016のデスクトップアプリには、処理性能の異なる32ビット版と64ビット版のパソコンに対応した2つのバージョンがあります。ここで解説しているように、通常は32ビット版をインストールしますが、パソコンにほかのOfficeアプリケーションの64ビット版がすでにイントールされている場合は、OneNoteも64ビット版を利用する必要があります。以下の手順で、64ビット版のOneNoteをインストールしましょう。

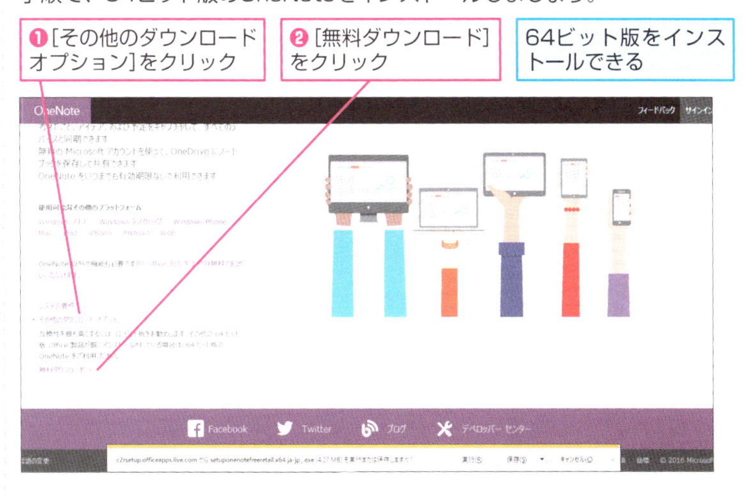

2 サインインを開始する

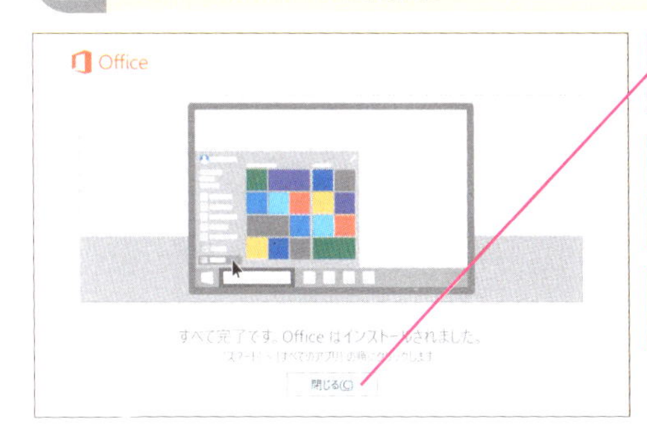

[閉じる]をクリック

レッスン2の手順2を参考に、Microsoftアカウントでサインインする

デスクトップアプリ無料版のインストールが完了する

次のページに続く

iPhoneアプリのインストール

1 App Storeを起動する

ホーム画面を表示しておく

[App Store]をタップ

2 OneNoteを検索する

App Storeが起動した

❶［検索］をタップ

❷検索ボックスをタップ

❸「OneNote」と入力

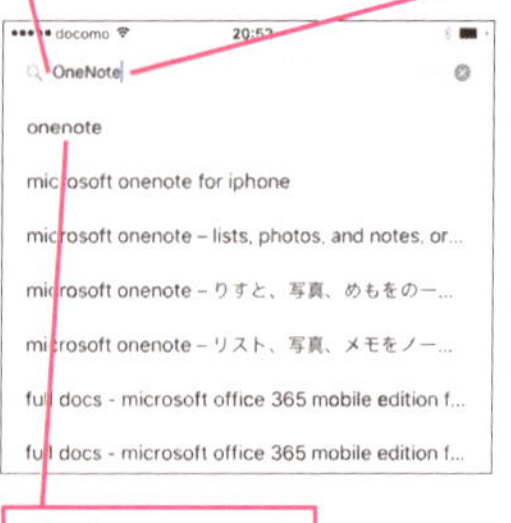

❹［onenote］をタップ

3 インストールを開始する

検索結果が表示された

❶［入手］をタップ

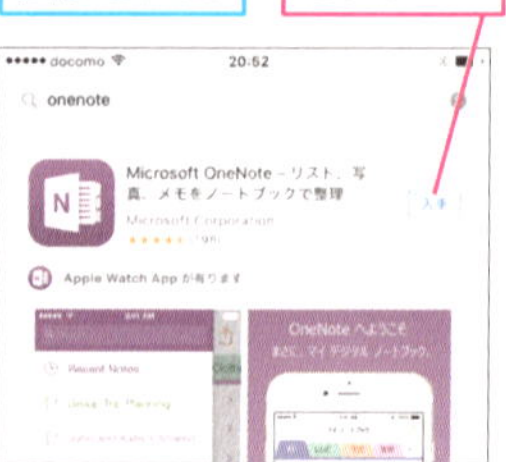

❷［インストール］をタップ

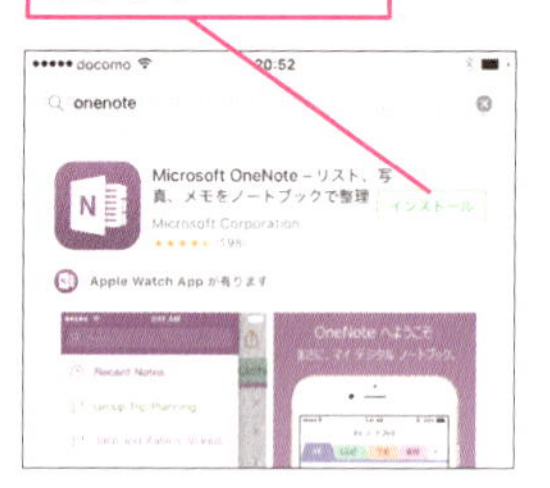

[iTunes Storeにサインイン]が表示された

❸Apple IDのパスワードを入力

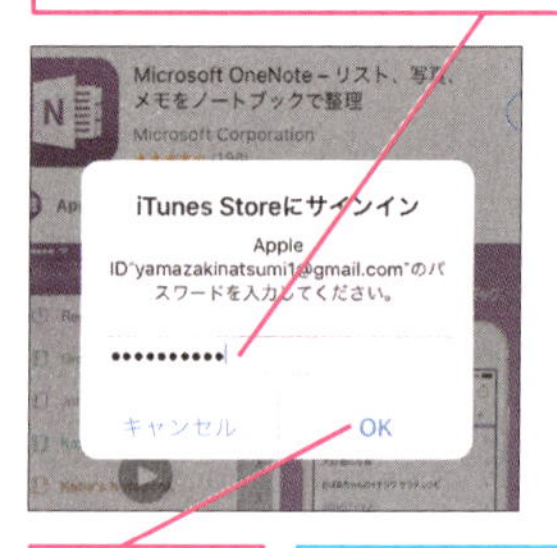

❹［OK］をタップ

インストールが完了すると、アイコンがホーム画面に追加される

Androidアプリのインストール

1 Playストアを起動する

ホーム画面を表示しておく

[Playストア]をタップ

2 OneNoteを検索する

Playストアが起動した

❶ここをタップ

❷「OneNote」と入力

検索結果が表示された

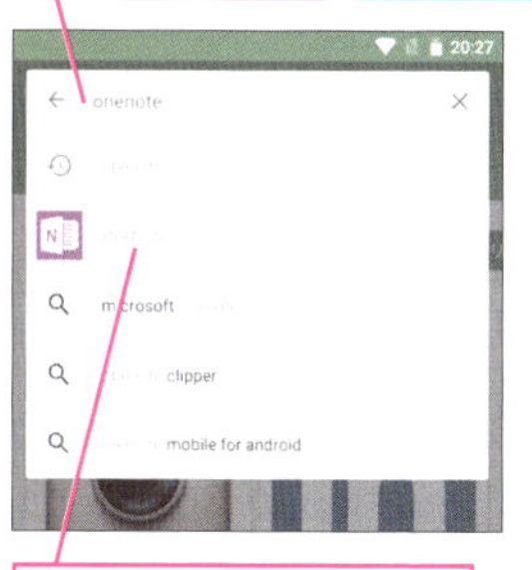

❸[OneNote]をタップ

3 インストールを開始する

[OneNote]が表示された

[インストール]をタップ

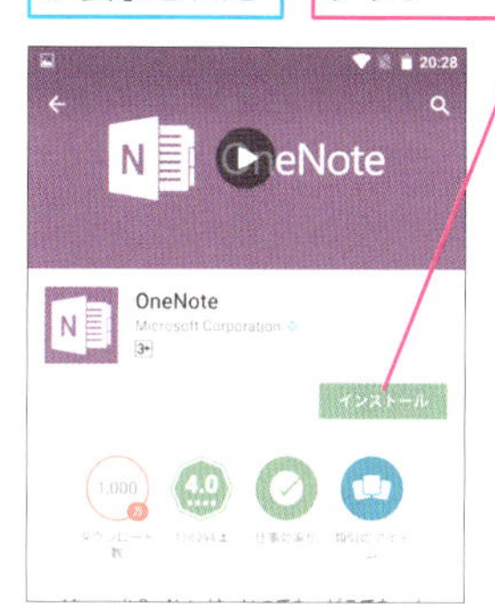

4 インストールが完了する

インストールが完了した

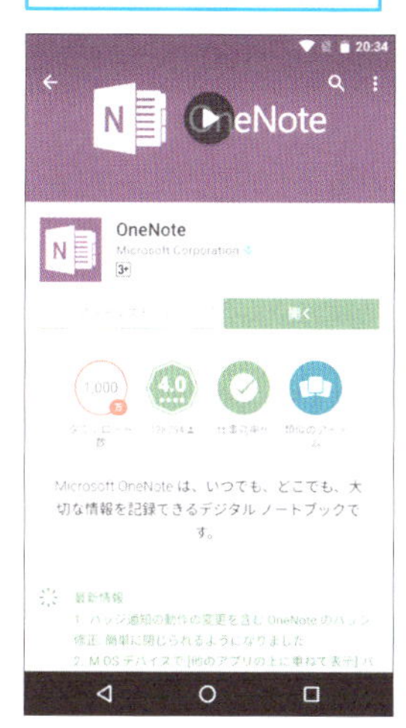

ホーム画面にショートカットが追加される

付録4

EvernoteのデータをOneNoteに移行するには

付録

マイクロソフトが提供している「OneNote Importer」を使えば、Evernoteのノートブックやノートを OneNoteに引き継ぐことができます。Evernoteから乗り換えたい人に最適なツールです。

1 OneNote Importerを起動する

OneNote Importerをダウンロードし、起動しておく

▼OneNote Importer
https://www.onenote.com/import-evernote-to-onenote

❶[I accept the terms of this agreement]にチェックマークを付ける

❷[Get started]をクリック

[Select Evernote content]が表示された

❸取り込みたいノートブックにチェックマークを付ける

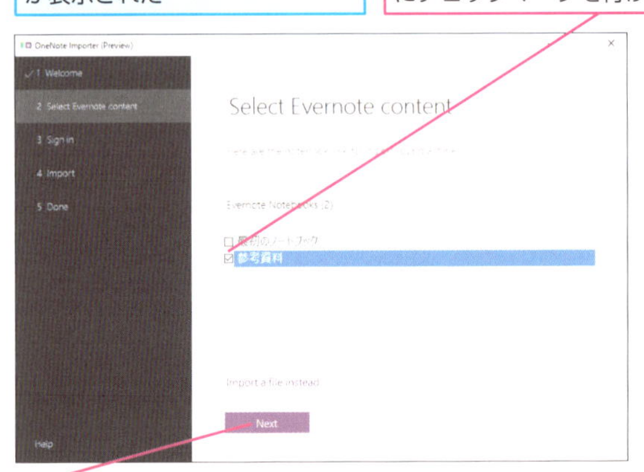

❹[Next]をクリック

❺[Sign in with a Microsoft account]をクリック

サインイン画面が表示された場合はMicrosoftアカウントでサインインする

2 取り込みを開始する

[Here's how your content will be organized in OneNote]が表示された

[Use Evernote tags to organize content in Onenote]にチェックマークを付けると、Evernoteのタグごとにセクションが作られる

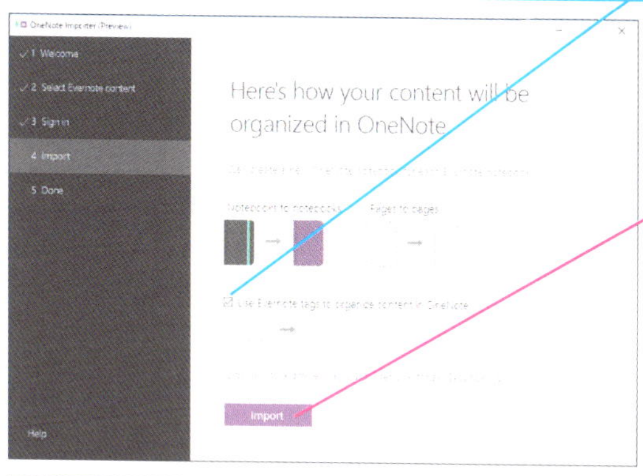

❶[Import]をクリック

❷移行が完了するまで待つ

移行が完了した

OneNoteで移行したノートブックを開くと、Evernoteのデータを確認できる

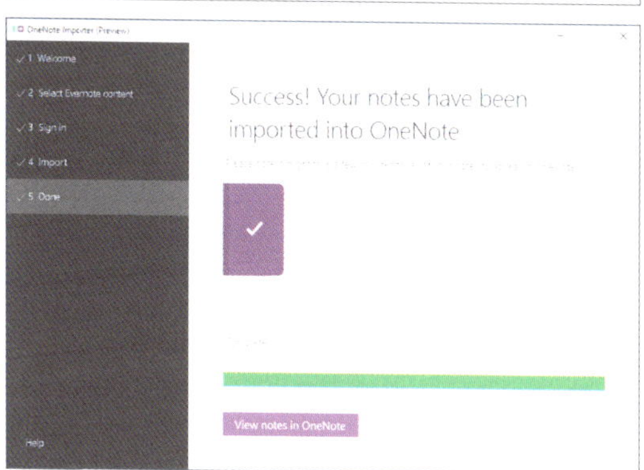

Hint!

Windowsパソコン向けのプレビュー版のみが公開されている

2016年3月現在、OneNote ImporterはWindows 7/8.1/10に対応したバージョンだけが公開されており、スマートフォンやタブレットを使った移行は行えません。また、正式版ではなくプレビュー版としての提供であり、移行したデータの正確性などが十分に検証されていない点には注意が必要です。なお、OneNote ImporterをはじめとしたOneNoteの新情報は「できるネット」でも公開予定です。詳しくは6ページを参照してください。

索引

アルファベット

■著者

株式会社インサイトイメージ

ネットワークからアプリケーションまで、テクノロジーやソリューションについての解説を各種媒体向けに執筆。出版物の企画立案や制作業務の支援、Web媒体でのコンテンツ制作のほか、企業向けにマーケティングおよびリサーチ業務のサポートも行っている。著書に『できるOffice 365 Business/Enterprise対応 2016年度版』『できるポケット 一瞬で差がつくPC活用術 ショートカットキー全事典』（インプレス）など。

STAFF

カバーデザイン	ドリームデザイングループ　株式会社ボンド
本文フォーマット	ドリームデザイングループ　株式会社ボンド
本文イメージイラスト	廣島　潤
DTP制作	株式会社ピースデザインスタジオ
デザイン制作室	今津幸弘 <imazu@impress.co.jp>
	鈴木　薫 <suzu-kao@impress.co.jp>
制作担当デスク	柏倉真理子 <kasiwa-m@impress.co.jp>
編集	株式会社インサイトイメージ
副編集長	小渕隆和 <obuchi@impress.co.jp>
編集長	藤井貴志 <fujii-t@impress.co.jp>

■読者の窓口
インプレスカスタマーセンター
〒101-0051　東京都千代田区神田神保町一丁目105番地
TEL　03-6837-5016／FAX　03-6837-5023
info@impress.co.jp

■書店／販売店のご注文窓口
株式会社インプレス受注センター
TEL　048-449-8040／FAX　048-449-8041

できるポケット
OneNote 2016/2013 基本マスターブック
Windows/iPhone & iPad/Androidアプリ対応

2016年4月21日　初版発行

著　者　株式会社インサイトイメージ＆できるシリーズ編集部
発行人　土田米一
編集人　高橋隆志
発行所　株式会社インプレス
〒101-0051　東京都千代田区神田神保町一丁目105番地
TEL　03-6837-4635（出版営業統括部）
ホームページ　http://book.impress.co.jp/

印刷所　株式会社廣済堂
ISBN978-4-8443-8033-7 C3055

Printed in Japan